KB000837

공감 대화가 불러올 놀라운 변화를 믿으세요.

소중한 우리 아이 _____ 의
단단한 마음을 키워 주기 위해 조금씩 노력하다 보면
어느새 여러분과 아이 모두 성장하게 될 거예요.

작은 일에 상처받지 않고
용기 있는 아이로 키우는 법

Original Japanese title: NOU KAGAKU X SHINRIGAKU
UCHINOKO NO YARUKI SWITCH WO OSU HOUHOU, OSHIETE KUDASAI!
Copyright © 2019 Hayato Suzuki
Original Japanese edition published by Kanki Publishing Inc
Korean translation rights arranged with Kanki Publishing Inc
through The English Agency (Japan) Ltd. and Danny Hong Agency
Korean translation rights © 2020 by Dasan Books Co., Ltd.

마음이 단단한 아이로 자라게 하는 43가지 대화 습관

작은 일에 상처받지 않고
용기 있는 아이로 키우는 법

스즈키 하야토 지음 · 이선주 옮김

다산
에듀

들어가며

아이에게 '할 수 있다'는 자신감을 불어넣어 주세요

자기보다 조금만 잘하는 사람이 있어도 의욕을 잃어버리는 아이, 노력해 보지도 않고 '너무 어려워', '못 하겠어'라고 말하는 아이, 조금만 혼나도 의기소침해하는 아이….

아이를 키우다 보면 이런 경우를 종종 접하게 됩니다. 그래서 많은 부모님이 이렇게 하소연하십니다.

"요즘 들어 아이가 노력해 보지도 않고 금방 포기해서 걱정이에요."

"아이에게 용기를 불어넣어 주고 싶은데 어떤 말을 해 줘야 할지 모르겠어요."

아이에게 용기를 북돋아 주고 싶은데 부모님들도 그 방법을 몰라 막막해합니다.

"이게 당연한 거야."
"그건 안 될 게 뻔해."
"될 리가 없잖아."

아이가 이런 말을 한다면 '자기 한계의 뚜껑'이 꽉 닫혀 있는 상태입니다. 아이의 의욕을 높이는 핵심은 자기 한계의 뚜껑을 여는 것입니다.

아이뿐만 아니라 보통 사람은 평소에 자기 한계의 뚜껑을 거의 의식하지 않고 지냅니다. 잠재의식 속에 단단히 뿌리를 내려 쉽게 제거할 수 없는 골칫거리지요. 하지만 자기 한계의 뚜껑은 작은 계기로 '딸깍' 하고 열리기도 합니다.

저는 수많은 아이와 부모님을 만나 그들의 관계에 관해 상담해 왔으며, 현재는 초등학생부터 성인까지 다양한 사람들의 심리와 관계 전문가로 활동하고 있습니다. 이런 저 역시 스스로 정한 한계의 뚜껑을 벗겨 낸 사람 중 하나입니다. 한때는 일이 너무 바쁘고 늘 시간에 쫓겨 마음과 몸의 균형이 무너지며 우울증에 걸린 적이 있습니다. 삶에 회의감이 들고 모든 것에 의욕을 잃어버렸지요. 다행히 스스로 마음을 다잡고 나 자신을 있는 그대로 받아들이는 법을 배우며 점차 용기를 되찾게 되었습니다. '나는 어떤 일도 해낼 수 없다'는 잘못된 자기 인식을 바로잡아 우울증에서 벗어날 수 있었지요.

저의 경험을 바탕으로 전문적으로 뇌과학과 심리학을 공부하면서 아이들의 의욕을 높이는 법에 대해 알 수 있었습니다. 그 방법대로 지도한 결과 자기 한계를 벗어나 가슴 뛰는 목표를 세우고 도전하는 즐거움을 알게 된 아이, 실패해도 다시 일어서는 아이로 성장한 경우를 볼 수 있었습니다. 그밖에도 단세 달 만에 일본 최고가 된 유도선수, 하프마라톤에서 자기 최고 기록을 경신한 육상선수, 고교 시절의 최고 기록을 대학 4학년 때 갱신한 수영선수 등 자기 한계의 뚜껑을 열어 재능을 꽃

피운 사람이 많습니다.

자신은 할 수 없다며 쉽게 포기하는 아이들의 잘못된 자기 인식은 주위 사람들의 영향을 많이 받습니다. 그중에서도 부모님이 무심코 말하는 '이게 당연한 거야', '그건 안 될 게 뻔해', '될 리가 없잖아' 같은 말로 부정적인 생각을 심어 주면 아이의 '자기 한계의 뚜껑'은 점차 굳어져 갑니다.

반대로, 주변에서 긍정적인 말이나 질문을 해 준다면 '자기 한계의 뚜껑'은 활짝 열릴 것입니다. 제가 지도하는 스포츠 선수들처럼 재능을 꽃피우며 점차 의욕적으로 행동하는 아이들이 될 것입니다.

용기 있는 아이로 키우려면
부모님이 먼저 바뀌어야 합니다

우리 아이의 의욕 스위치는 어디에 있을까요? 그것을 아는 사람은 사실 코치인 제가 아니라 아이의 가장 가까운 곳에 있는 여러분입니다. 떠올려 보세요. 세상에 태어나 처음 웃음 짓던 얼굴, 처음 흘린 눈물, 처음 투정 부리던 날, 처음 어리광부

리던 날, 수많은 처음의 순간들을. 분명 모든 '처음'을 함께 해 온 사람은 아이를 키우는 여러분이었지요.

그 사실을 전제로 한 가지 질문이 있습니다.

"의욕 없는 아이와 의욕적인 아이는 정해져 있을까요?"

그런 아이는 전 세계를 어디를 뒤져 봐도 없습니다. 모든 아 이는 우렁찬 울음과 함께 의욕 넘치는 모습으로 이 세상에 태 어납니다. 그 의욕이 무엇 때문에 점점 사라져 갈까요? 호기심 왕성하고 열정 넘치게 움직이던 아기는 성장하면서 왜 점점 차 분해지는 것일까요? 그 점을 고민해 보시면 좋겠습니다.

상담을 하다 보면 부모가 억지로 시키는 아이, 부모 손에 이 끌려서 온 아이, 부모에게 벌벌 떨고 있는 아이를 만날 때가 있 습니다. 사실 가슴 뛰는 감정이 마음 깊은 곳에 있는데도 그런 마음을 간직하면 안 된다고 생각하고, 자신의 본 모습을 내보 이면 무슨 말을 듣게 될지 몰라 두렵다고 하는 아이를 종종 보 았습니다. 아이들의 그런 모습에 무척 마음이 아프지만, 어려 운 상황에도 애쓰고 노력하는 모습을 보면 열심히 응원하게 됩니다.

이런 현장을 수없이 보면서 늘 해 오던 생각이 있습니다. 바로 '전문가가 하는 코칭의 한계'입니다. 저와 같은 교육 전문가나 코치의 힘만으로 아이는 내면 깊이 바뀌지 않습니다. 옆에서 지켜봐 주는 부모님을 포함한 모든 양육자분들의 의식이 바뀌지 않으면 이런 문제는 본질적으로는 해결되지 않을 것입니다.

이 책에서는 '의욕', '자신감', '용기', '주체성'이라는 네 가지 주제로 아이의 의욕을 끌어내는 방법을 심리학과 뇌과학을 근거로 소개합니다. 대화할 때 사용하기 좋은 구체적인 문구와 대화의 핵심까지 소개하므로 참고하여 활용하면 도움받을 수 있습니다.

덧붙여, '자기 한계의 뚜껑'은 아이뿐만 아니라 어른인 여러분도 분명히 가지고 있을 것입니다. 꼭 여러분이 가진 '자기 한계의 뚜껑'도 의식하면서 읽어 보시며 아이와 함께 부모님도 성장해 나가시길 바랍니다.

1부 아이의 의욕을 키우는 법

2부 아이의 자신감을 키우는 법

3부 아이의 용기를 키우는 법

4부 아이의 주체성을 키우는 법

마음이 단단한 아이로 자라게 하는 43가지 대화 습관

Chapter 1

아이의 의욕을 키우는 법

자기보다
잘하는 사람이 있으면
의욕을 잃어요

아이의 의욕을 꺾는 말
집중해서 더 열심히 공부해!

아이의 의욕을 키우는 말
저번보다 실력이 훨씬 좋아졌구나.

하은이는 영어만큼은 자신이 있었지만, 지난 정기 시험에서 친구인 주호보다 낮은 점수를 받았습니다. '그렇게 열심히 했는데'라는 생각에 완전히 의욕을 잃었어요.

아이의 목표를 떠올려 주세요

아이들의 세상은 좁디좁아서 공부든 운동이든 바로 옆에 있는 누군가와 비교하게 됩니다. 이겼느니 졌느니 하며 일희일비하지요.

부모님도 마찬가지입니다. "주호는 대단하네. 너도 더 열심히 해야겠다"라고 아이를 더 분발하게 하려고 무심코 친구 이야기를 하기도 하지요.

하지만 이런 말은 상처에 소금을 뿌리는 것과 같습니다. 아이는 부족한 자신의 실력을 일일이 지적받지 않아도 본인이 가장 잘 알고 있지요. 다른 사람에게 지적을 듣는다면 오히려 반발심이 생길 뿐입니다.

그러면 이런 상황에서는 어떤 말을 하면 다시 의욕을 불어넣어 줄 수 있을까요? 그에 앞서, 하은이가 왜 그렇게 열심히 영어 공부를 했는지 부모님은 알고 계시나요? 우선 그 이야기부터 차분하게 들어 봅시다.

이때 중요한 점은 억지로 말하게 하지 않는 것, 즉 대답을 강요하지 않는 것입니다. 또 부모님이 "하은이는 나중에 그 대학교에 들어가고 싶다고 했잖아" 같은 말로 결론짓거나 먼저 답을 정해 놓지 않아야 합니다.

아이의 마음에서 들려오는 소리에 귀를 기울이고 잘 들어 주세요.

"네가 지금까지 영어 공부를 열심히 해 왔잖아. 어떤 일을 해 보고 싶은 거야?"

이렇게 묻자 하은이는 다음과 같이 답했다고 합니다.

"대학생이 되면 미국에 유학 가서 영어 공부를 더 많이 하고, 영어를 활용하는 일을 하고 싶어요."

"유학은 훌륭한 경험이 될 거야. 나도 힘껏 도와줄게. 그 꿈을 실현하기 위해서 앞으로 어떻게 해야 할지 함께 생각해 봐야겠구나."

이 말을 듣고 하은이는 고개를 끄덕였습니다.

아이의 의욕 스위치가 다시 딸깍 켜졌고, 하은이는 더 열심히 영어 공부에 매진하게 되었지요.

이처럼 **아이가 자신의 목표를 떠올려 보게 함으로써 더는 다른 사람에 대해서는 신경 쓰지 않고 자신에게 집중하게 할 수 있습니다.** 그러니 다른 사람과 비교하지 말고 아이의 과거를 기준으로 비교하여 성장한 부분을 오롯이 칭찬해 주세요.

💬 아이의 의욕을 꺾는 말

* 집중해서 더 열심히 공부해!
* 주호보다 못했다니 어쩌려고 그러니.

💬 아이의 의욕을 키우는 말

* 저번보다 실력이 훨씬 좋아졌구나.
* 열심히 공부해서 어떤 일을 하고 싶어?

💬 이렇게 해 볼까요?

* 아이의 진짜 목표를 이해한다.
* 다른 사람을 이기는 것이 아니라 자신의 목표를 달성하는 것이 중요하다는 사실을 깨우쳐 준다.
* 부모로서 어떤 목표라도 지지하는 태도를 보여 준다.

02

좋아하는 과목만 공부하고, 못하는 과목은 손도 대지 않아요

아이의 의욕을 꺾는 말
수학 공부도 좀 해!

아이의 의욕을 키우는 말
이게 무슨 뜻인지 나도 알려 줄래?

호영이는 좋아하는 사회 과목은 열심히 공부해 시험에서도 항상 높은 점수를 받습니다. 하지만 수학은 어려워하며 좀처럼 공부에 의욕을 갖지 못해 성적이 바닥을 치고 있어요.

어렵고 못한다는 인식에서 벗어나기!

저도 사회와 과학을 좋아하고 국어와 영어, 수학은 잘하지 못했습니다. 이 세 과목은 거의 학년 전체에서 꼴찌를 다툴 정도였지요. 중학교 2학년 때는 부끄럽지만 수학 시험에서 0점을 받은 적도 있습니다.

하지만 머지않아 저는 수학을 좋아하게 되었습니다. 계기는 인수분해였습니다. 처음에는 간단한 수를 계산하는 문제도 어려웠는데 시간이 갈수록 문제를 푸는 일이 무척 즐겁게 느껴졌습니다. 수학이 의외로 재미있는 과목이라는 사실을 깨닫게 되었지요.

제가 수학을 싫어했던 원인은 바로 초등학교 때 분수나 소수 같은 기초 개념을 제대로 이해하지 못해서라는 걸 알게 되었습니다. 그래서 중학생 때 초등학교 수학부터 다시 공부하기 시작했고, 그만큼 수학 성적도 쑥 올랐지요. 성적이 오르니 공부가 점점 더 재미있어졌고 어느새 수학을 좋아하게 되었습니다.

노력하면 충분히 잘할 수 있는데도 스스로 수학이 어렵고 소질이 없다고 생각했던 것뿐이었지요. **그런 생각을 바꿔 줄 작은 계기를 제공해 주면 아이들은 의욕을 가지게 됩니다.**

이렇게 말하면 아이가 잘 모르는 부분을 가르쳐 줘야겠다고 생각하는 부모님이나 양육자분이 계실지도 모르겠네요. 하지만 그 생각은 적절하지 않습니다. 가장 좋은 방법은 거꾸로 자녀가 부모님을 가르치게 하는 것입니다.

학습의 효과를 알려 주는 '학습 피라미드' 모형이 있습니다. 학습 피라미드란 어떻게 학습했을 때 학습 수용률*이 높아지는지를 피라미드 모형으로 나타낸 것입니다.

● 학습 피라미드

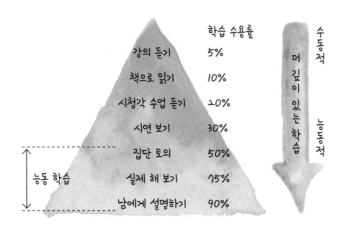

	학습 수용률
강의 듣기	5%
책으로 읽기	10%
시청각 수업 듣기	20%
시연 보기	30%
집단 토의	50%
실제 해 보기	75%
남에게 설명하기	90%

능동 학습

수동적 → 능동적
더 깊이 있는 학습

* 학습 수용률-능동적으로 학습할수록 학습 내용을 더 효과적으로 자기 것으로 만들 수 있다.
[미국 행동과학연구소 (National Training Laboratories)]

이 피라미드 모형에 따르면, 일방적으로 강의를 듣기만 할 때는 학습 수용률이 고작 5%밖에 되지 않습니다. 그런데 다른 사람에게 가르치면 90%까지 올라갑니다. 즉, 주체적이고 능동적으로 학습할수록 뇌에 더 분명하게 입력된다는 말이지요.

특히 학습 수용률이 높은 집단 토의, 실제 해 보기, 남에게 설명하기와 같은 학습 방법을 '능동 학습'이라고 합니다. 이러한 능동 학습은 곧 깊이 있는 학습으로 이어지므로 하버드대학이나 매사추세츠공과대학 등 세계 유수의 대학들에서도 활용하고 있으며, 성적 향상에도 큰 역할을 한다고 합니다.

이 학습법을 집에서 실천해 보면 어떨까요. '유명 대학에서 실시하는 방법을 우리 집에서 실천하기는 무리가 아닐까?' 하며 망설일 필요는 없습니다. 부담을 내려놓으시고 이렇게 말하면 됩니다.

"잘 모르겠는데 엄마(또는 아빠)한테 이 부분 좀 알려 줄래?"

집단 토의라는 말 역시 거창하지만, 쉽게 생각하면 함께 대화하거나 조사하면서 해답을 찾아 가는 좋은 방법입니다. 주입하는 교육이 아니라 '아이가 직접 설명하며 스스로 이해하게 하는 작전'으로 아이의 자존감을 세워 줘 아이가 못한다는 인식을 지워 가도록 해 봅시다.

좋아하는 과목 공부는 원하는 만큼 충분히 할 수 있게 주세요. 잘하는 분야는 할 수 있는 만큼 최대한 역량을 키워 가는 것이 좋습니다. 저도 운동선수들에게 항상 "누가 뭐래도 이것만큼은 내 무기라고 할 만한 것을 만들어 끝까지 최선의 노력을 다하도록 합시다" 하고 말합니다. '한 가지 재주는 여러 재주로 통한다'라는 옛말도 있으니까요. 아이는 그렇게 한 가지에 어느 정도 통달한 후 그다음 벽에 부딪히면 '다른 연습도 해야겠다'라고 생각하게 됩니다.

타격을 좋아해서 타격 연습만 하던 야구선수가 있었습니다. 줄기찬 연습으로 타격력이 좋아져 대타 1번 선수가 되었지만, 주전이 되지는 못했습니다. 수비가 약했기 때문입니다. 스스로 그 부분을 깨닫고 나서는 필사적으로 수비 연습에 매달리게 되었습니다.

공부도 마찬가지입니다. 아이가 좋아하는 과목만 하려고 할 때는 원하는 대로 끝까지 열심히 하게 하면 됩니다. 무엇보다 공부가 즐겁다는 마음이 들게 해 주어야 합니다.

장래의 목표가 명확해지면 "사회 과목만 해서는 안 되겠다. 수학 공부도 해야겠어"라고 아이 스스로 깨닫게 됩니다. **본인이 필요성을 느끼면 굳이 부모가 조언하지 않아도 자발적으로**

집중해서 열심히 하게 됩니다. 그런 미래가 올 거라 믿고 아이가 공부의 '즐거움'을 키워 나갈 수 있도록 이끌어 주세요.

💬 **아이의 의욕을 꺾는 말**

- 수학 공부도 좀 해!
- 계속 사회 공부만 하면 안 되잖아.

💬 **아이의 의욕을 키우는 말**

- 이게 무슨 뜻인지 나도 알려 줄래?
- 열심히 공부하는구나.

💬 **이렇게 해 볼까요?**

- 아이가 직접 가르치게 해 본다.
- 공부가 즐겁다는 기분이 들게 도와준다.
- 공부하고 싶은 과목과 진학하고 싶은 학교를 정할 수 있도록, 그 학교의 문화재나 특별한 활동을 견학하게 해 준다.

03

부모의 말을
잔소리로만 여기고
늘 반항적이에요

아이의 의욕을 꺾는 말
제발 말 좀 들어!

아이의 의욕을 키우는 말
어떻게 하고 싶니?

서연이는 항상 엄마 말에 부정적으로 반응합니다. 너무 심하게 짜증을 내요. 조금만 순순히 말을 들어 주면 좋겠다며 엄마는 한숨을 내쉽니다.

아이에게 결정권을 주세요

"공부해", "게임은 이제 그만해", "물건 좀 잘 챙겨라".

혹시 입버릇처럼 이런 잔소리를 하지는 않나요? 아이들은 이렇게 무턱대고 쏟아 내는 잔소리에 순순히 '네' 하고 수긍하지 않습니다. **명령하지 말고 항상 아이를 존중하며 말해 주세요.**

예를 들면, "공부를 안 하면 나중에 어떻게 될 것 같아?", "게임만 하면 어떻게 될 것 같아?", "너는 어떻게 하고 싶어?" 이렇게 아이에게 부드럽게 물어보세요. 부모가 진지하게 이야기를 들어 주려는 모습을 보이면 아이도 부모를 신뢰하며 반항적인 태도를 내려놓게 됩니다.

"그럼, 8시가 되면 공부할게요."

"오늘은 여기까지만 끝내고 게임은 그만할게요."

이렇게 자신의 행동을 스스로 결정하게 하면, 부모가 자신을 믿어 준다고 느끼게 되고 말대꾸도 점점 줄어듭니다.

하지만 결정권이 부모에게 있다고 착각하고 아이를 통제하려는 부모님도 적지 않습니다. 제가 운영하는 부모 수업에도 부모님에게 이끌려 마지못해 오는 아이가 있었습니다. 부모님은 이렇게 말씀하셨지요.

"우리 아이는 공부든 뭐든 의욕이 낮아서 문제예요. 어떻게 해야 할까요?"

그 말을 듣고 저는 아이와 따로 자리를 만들어 "곧 스포츠 경기에 나가잖니? 넌 이 경기에 왜 나가는 거야?"라고 물어보았습니다. 그러자 아이는 이렇게 답했습니다.

"엄마 아빠가 하라고 해서요."

가끔 이런 말을 들으면, 이 아이의 인생은 도대체 무엇일까 하는 생각이 듭니다.

억지로 하는 일에 동기 부여가 될 리 없습니다. 아이를 다그치거나 혼내기 전에 부모님의 태도에 문제가 있지 않은지 먼저 돌아보세요.

💬 아이의 의욕을 꺾는 말

- 제발 말 좀 들어!
- 꾸물대지 말고 어서 공부해.

💬 아이의 의욕을 키우는 말

- 어떻게 하고 싶니?
- 지금 공부해 두지 않으면 미래에 어떻게 될까?

💬 이렇게 해 볼까요?

- 명령조가 아니라 질문의 형태로 말한다.
- 아이의 의사를 존중하고 본인이 결정하게 한다.
- 아이에게 문제가 있다고 생각하기 전에 부모가 본인의 말과 행동에 문제가 없는지 돌아본다.

경기에서
계속 져서
의기소침해 있어요

아이의 의욕을 꺾는 말
그러니까 더 열심히 했어야지!

아이의 의욕을 키우는 말
저번보다 어떤 점이 더 나아진 것 같아?

예준이는 축구 국가대표 선수가 되는 것이 꿈입니다. 현재 지역 축구단에서 주전으로 뛰고 있는데, 최근 소속 팀의 전력이 좋지 않아 패배를 거듭하고 있습니다. 예준이는 자신감을 잃고 의기소침해졌지요.

'잇따른 실패'는 또 다른 기회입니다

어릴 때 잇따른 실패를 경험하는 것은 아이에게 매우 좋은 일일 수 있습니다. 실패는 시련을 뛰어넘는 방법을 배울 훌륭한 기회입니다. 사람은 살아가는 동안 다양한 역경에 부딪히게 됩니다. 실패한 경험은 아이의 마음을 단련해 웬만한 일에는 끄떡도 하지 않는 강한 정신력을 키워 줍니다.

성공 경험밖에 없는 아이가 어른이 된 후에 실패를 맛본다면 다시 일어서는 방법을 모르는 사람이 되기 쉽지요. 그러니 **어린 시절에는 성장을 위해서라도 실패를 경험해 보는 것이 도움이 됩니다.**

하지만 실패로 인해 의기소침해진 아이에게 "좋은 경험을 했으니 오히려 잘됐어" 하고 말한다면 아이는 "내 기분은 알지도 못하면서"라며 반발하겠지요.

부모와 자녀의 관계가 얼마나 견고히 다져져 있는지에 따라 다르겠지만 바른 말로 충고한다고 모두 괜찮은 것이 아닙니다. 아이의 마음을 살피면서 한 번 더 힘내서 도전해야겠다는 생각이 들도록 이야기해야 합니다. **경기에 졌다 하더라도 잘 해냈던 부분은 분명히 있습니다.** 부모님은 아이가 스스로 자신의 긍정적인 면을 바라볼 수 있도록 말해 주어야 합니다.

"좋은 플레이도 있었지. 넌 어떤 점이 좋았어?"

"오늘 경기에서 너는 저번보다 어떤 점이 성장한 것 같아?"

인간의 뇌는 질문을 좋아하기 때문에 질문을 들으면 대답을 하고 싶어 합니다. 좋았던 점을 생각하면 상황을 다른 각도에서 보게 되고, 그러면 우울한 기분은 자연스레 회복됩니다. 당연한 말이지만, 부모가 질문의 답을 정해 두거나 질문에 먼저 대답해서는 안 됩니다. 어디까지나 본인이 좋았던 점을 깨닫는 것이 중요합니다.

소치, 평창 두 번의 동계올림픽에서 모두 금메달을 딴 일본의 피겨스케이팅 선수인 하뉴 유즈루는 2014년 ISU 그랑프리 시리즈에서 연습 도중 다른 선수와 충돌했습니다. 부상을 입은 상태로 경기에 계속 출전하여 중국 대회에서는 2위, 일본 대회에서는 4위를 기록했습니다. 그때 하뉴 선수는 이런 말을 남겼습니다.

"뛰어넘어야 할 벽이 많은 것은 무척 즐거운 일입니다."

하뉴 선수는 결국 부상의 벽을 뛰어넘고 결승전인 그랑프리 파이널에서 멋지게 우승을 거머쥐었습니다.

💬 아이의 의욕을 꺾는 말

- 그러니까 더 열심히 했어야지!
- 계속 지기만 하네. 뭐가 잘못됐는지 생각해 봐.

💬 아이의 의욕을 키우는 말

- 저번보다 어떤 점이 더 나아진 것 같아?
- 이번 경기에서 만족스러운 점은 무엇이니?

💬 이렇게 해 볼까요?

- 패배를 아이가 자신의 성장 발판으로 삼게 한다.
- 패배의 원인을 따지기보다는 성장한 부분을 생각하게 한다.
- 막연하고 일방적인 충고를 늘어놓지 않는다.

05

부상으로
꿈이
좌절되었어요

> **아이의 의욕을 꺾는 말**
> 부상당했다고 언제까지
> 끙끙대고 있을 거야?

> **아이의 의욕을 키우는 말**
> 부상을 통해서 어떤 점을
> 배우게 됐니?

민중이는 어린이 야구 리그에서 선수로 활동합니다. 최근에는 전력도 꽤 좋아져 주전 선수 출전을 목표로 더 열심히 노력했는데, 훈련 중에 그만 부상을 당했습니다. 그때부터 연습에 집중하지 못하고 있어요.

다음 목표를 세우도록 격려하자

스포츠 선수에게 부상은 따라다니기 마련입니다. 한 프로 야구선수는 신인 시절에 눈에 띄는 활약으로 사람들의 관심과 사랑을 받다가 시즌 종반에 들어가 부상을 당하고 말았습니다.

저는 낙담한 그에게 이렇게 말했습니다.

"부상 때문에 뭔가 크게 깨닫게 된 사실이 있나요? 이 부상으로 얻게 된 것은 무엇일까요?"

부상을 당하면 그 순간에는 자신이 꿈꾸던 미래가 산산이 부서졌다는 생각에 사로잡히게 됩니다. 민중이도 앞으로 주전 선수가 될 수 없다고 생각하며 절망감과 허탈감에 빠졌겠지요.

하지만 정말로 그럴까요? 이럴 때는 **그것이 혼자만의 잘못된 믿음일 뿐이며 조금만 궤도를 수정하면 꿈으로 가는 문을 다시 열 수 있다는 사실을 깨우쳐 줘야 합니다.**

아이가 다시 목표를 떠올리고 의욕을 되찾을 수 있도록 다음과 같이 물어봅시다.

"지금은 부상당했지만, 네가 지금 진심으로 바라는 게 뭐니?"

"주전 선수가 되고, 고등학교에 가면 전국 대회에 출전하고 싶어요."

"전국 대회에 출전하려면 잘 치료해서 부상을 낫게 해야 하지 않겠니?"

만약 이때, "빨리 낫고 싶어요"라고 답한다면 "그럼 어떻게 하면 빨리 나을지 함께 생각해 볼까?" 하며 격려해 주세요.

부상당한 일을 아무리 후회해 봐야 시간을 되돌릴 수는 없습니다. 그러니 과거를 그리워하며 낙담해 있기보다는 앞으로 어떻게 해야 할지 생각하고 다음 목표를 바라보도록 격려해야 합니다. **목표가 명확해지면 동기에 불이 붙어 해야 할 일에 집중하게 됩니다.**

또 신체 부상은 다른 병원에서도 진단을 받아 보고 아이의 마음이 편해지도록 말해 주는 의사를 찾는 것도 좋습니다. "6개월 안에는 절대 낫지 않을 거야"라고 하는 의사도 있고, "열심히 재활치료를 받으면 2~3개월이면 나을 거야"라고 하는 의사도 있을 수 있기 때문입니다.

무엇보다 중요한 것은 부상을 딛고 몸과 마음 모두 전보다 강해져 새로운 목표를 세우게 하는 일입니다.

💬 아이의 의욕을 꺾는 말

- 부상당했다고 언제까지 끙끙대고 있을 거야?
- 그 정도 부상은 정신력으로 이겨내야지!

💬 아이의 의욕을 키우는 말

- 부상을 통해서 어떤 점을 배우게 됐니?
- 앞으로는 어떻게 하고 싶니?

💬 이렇게 해 볼까요?

- 다음 목표를 명확하게 설정하도록 격려한다.
- 부상만 회복하면 꿈과 목표를 향해 다시 나아갈 수 있음을 깨닫게 한다.
- 아이에게 희망적인 진단을 해 주는 의사를 찾는다.

06

담당 선생님이 바뀌니 공부를 포기하려 해요

아이의 의욕을 꺾는 말
자꾸 선생님한테 의존하면 되겠니?

아이의 의욕을 키우는 말
왜 아예 포기하고 싶은 마음이 드는 걸까?

영어 학원을 다니는 도현이는 최근 성적이 점점 좋아져 의욕에 가득 차 있었습니다. 그런데 담당 선생님이 바뀌게 되자 '그 선생님이 아니면 안 돼'라는 생각이 들어 순식간에 의욕을 잃고 말았습니다.

자신만의 방법을 찾는 아이가 성공합니다

선생님이 바뀌거나 주변 환경이 달라지면서 의욕이 떨어지는 일은 아이들에게 흔히 있습니다. 그만큼 의존하고 있었다는 말이기도 하지요.

오랫동안 스포츠 코치로 일해 온 제 경험으로 볼 때, 일류 운동선수는 결국 자신만의 방법을 찾아냅니다. 다른 사람에게는 잘 맞지 않는 방법이더라도 자신에게 잘 맞는다면 그것으로 충분합니다. 그래서 운동선수는 모두 연구자이면서 여행자, 즉 자신만의 방법을 찾아 항해하는 사람들이라 할 수 있지요.

모든 분야에서 해마다 기술혁신이 일어나지만 그 가운데 성공하는 사람은 스스로 생각해서 혁신해 나가는 이들입니다.

각 분야에서 열심히 노력하며 정상에 올라선 사람들의 이야기를 아이들에게 소개해 주어도 좋습니다. 화려한 성공 이면에 그 사람만의 독자적인 발상이나 고민, 고뇌, 피나는 노력이 있었다는 사실을 알면 아이의 시야가 더욱 넓어지겠지요.

또 선생님이나 부모님이 가르쳐 주는 것이 반드시 정답은 아닐 수도 있음을 아이에게 알려 주어야 합니다. 기초를 다지는 단계에서는 당연히 선생님이나 부모님의 지도대로 움직여야 합니다. 하지만 **그 단계가 지나면 스스로 생각하고 창의적으로 자신에게 맞는 방법을 찾아내는 아이가 발전합니다.** '선생님이 왜 이렇게 지시하셨을까?'라고 생각하면서 스스로 고민과 연습을 거듭하는 것이지요. '좋은 선생님에게 배울 기회가 없으니까 실력이 향상되지 않을 거야'라는 생각만 계속한다면 아이는 더 이상 성장하지 못합니다.

유명한 어느 운동 선수의 아버지는 이렇게 말했습니다.

"아이를 키우는 일은 나무를 키우는 것과 같다."

잘 보살피지 않으면 제대로 성장하지 못하니 계속 정성을 들이며 지켜봐야 한다는 뜻입니다. 그래서 이 운동선수의 아버지는 초등학교부터 고등학교까지 아들의 학교 공개 수업에 빠짐없이 참석했다고 합니다.

애정을 가지고 아이를 지켜봐 주는 일이 무엇보다도 중요합니다.

💬 아이의 의욕을 꺾는 말

- 자꾸 선생님한테 의존하면 되겠니?
- 선생님이야 누구든 마찬가지잖아.

💬 아이의 의욕을 키우는 말

- 왜 아예 포기하고 싶은 마음이 드는 걸까?
- 너에게 꼭 맞는 방법을 찾아서 적용해 보는 게 어떨까?

💬 이렇게 해 볼까요?

- 외부 환경에 의존하기보다 스스로 고민하고 연구해야만 실력이 향상된다는 사실을 깨우쳐 준다.
- 평소에 사소한 일까지 지나치게 간섭하지 않으며 아이의 주체성을 키워 준다.
- 아이가 흥미를 잃지 않도록 애정을 가지고 옆에서 계속 지켜보며 응원해 준다.

07

지적을
받으면
흥미를 잃어요

아이의 의욕을 꺾는 말
항상 여기서 실수를 하네.

아이의 의욕을 키우는 말
여기만 고치면 훨씬 더 좋아지겠어.

지아는 피아노를 배웁니다. 엄마가 피아노를 잘 치기 때문에 지아가 피아노 연습을 할 때면 자꾸 지적하게 됩니다. 그런 상황이 이어지자 지아는 피아노 연습에 흥미를 잃고 피아노를 그만두겠다고 합니다.

지적하지 말고 개선점을 알려 주자

목표했던 일이 끝나면, 저는 함께 참여한 사람들과 토론회를 열기도 합니다. 이때 어디가 잘못됐는지 서로 문제점을 말해 줍니다. 처음에는 자신의 단점을 듣고 민망해하기도 하지만 곧 그것이 본인의 개선점이 된다는 점을 깨닫고는 조언을 기분 좋게 받아들이지요.

대부분 사람은 잘못했다는 말을 들으면 마음이 상합니다.

"너는 이 부분이 잘못됐어."

이런 말을 듣고 기분이 좋을 사람이 있을까요?

엄마는 조금이라도 실력이 향상되기를 바라는 마음에 참견하고 지적하겠지만, 지적이 계속되면 아이는 피아노 치기가 싫어질 것입니다. 그래서야 안 하느니만 못하지요. 노력하는 사람은 즐기는 사람을 이길 수 없다는 말이 있듯, 무슨 일이든 즐겁게 해야 높은 수준까지 오를 수 있습니다. 그러니 지적하거나 주의를 주기보다는 기분이 좋아지도록, 피아노를 더 치고 싶어지도록 말해 주세요.

제가 운동선수를 코칭할 때는 절대 지적을 하지 않습니다. 반성을 요구하지도 않습니다. **반성은 부정적인 감정을 불러일**

으키고 오히려 동기를 떨어뜨리기 때문입니다.

대신 개선점을 알려 주려고 항상 노력합니다. 부정적인 말을 듣고 왔을 때는 "그건 마이너스가 아니라 발전 가능성을 의미한단다!", "그 점을 신경 써서 기량을 늘리면 훨씬 더 좋아지겠네!" 이런 말로 개선할 점을 찾아 주는 것이죠. 그러면 선수들은 더 잘될 거라는 희망을 품고 한층 더 긍정적인 마음으로 나아갈 수 있습니다.

반대로, 활동이나 성과에 대해 계속 지적받으면 "넌 안 돼"라는 딱지가 붙었다는 느낌이 들어 점차 의욕을 잃어 가겠지요.

스포츠뿐만 아니라 무엇을 배우거나 공부를 할 때도 마찬가지입니다. 같은 말을 해도 전달하는 방법에 따라 느낌이 완전히 다르지요.

"네 연주는 밀고 당기는 맛이 없어"라고 말하는 대신 "여기서 강약을 조금 신경 쓰면 더 좋아지겠다"라고 말해 보세요. 아이는 이렇게 해서 개선할 점을 찾으면 스스로 "그럼 어떤 연습을 할까?"라는 긍정적인 감정을 느끼게 될 것입니다.

💬 아이의 의욕을 꺾는 말

- 항상 여기서 실수를 하네.
- 좀 더 감정을 담아서 칠 수는 없니?

💬 아이의 의욕을 키우는 말

- 여기만 고치면 훨씬 더 좋아지겠어.
- 어느 부분을 잘한 것 같아?

💬 이렇게 해 볼까요?

- 지적만 하기보다는 개선점을 찾아 본다.
- 긍정적인 감정을 일으키는 말을 해 주도록 노력한다.
- 문제점만 찾지 말고 잘한 점을 찾아 이야기한다.

08

자존심이 강해
남의 말을
듣지 않아요

아이의 의욕을 꺾는 말
다음에는 꼭 1등 해야 한다.

아이의 의욕을 키우는 말
실패해도 괜찮으니 한번 해 봐.

지유는 항상 자신이 옳다고 주장하며 부모의 말은 들으려고
도 하지 않습니다. 친구가 어떤 일에 두각을 나타내거나 좋은
성적을 내면 험담을 합니다. 그러면서 자신은 도전도 하지 않
아요.

결과가 아니라 과정을 칭찬해 주세요

자존심이 강한 아이는 사소한 일에 상처받고 실패가 두려워 도전하지 못하며, 자의식 과잉에 빠져 있다는 공통점이 있습니다. 지기 싫어하고 자신의 잘못을 순순히 인정하지 않으며 남의 말을 들으려고도 하지 않지요.

아이의 자존심이 강해지는 이유는 부모가 결과만 보기 때문일 수도 있습니다. 열심히 공부해 100점을 맞으면 칭찬받지만, 80점이면 무시를 당합니다. 이런 상황에 놓인 아이는 아무리 최선을 다해 노력해도 성적을 올리지 못하면 좋은 평가를 받지 못한다고 생각합니다. 이것은 무척 고통스러운 일입니다. 계속해서 좋은 결과를 내야 하므로 끝이 없으며, 만약 결과가 나쁘면 자존심에 상처를 입고 부모에게도 외면받지요. 그것이 두려워 아이는 자신이 잘한다고 생각하는 일 외에는 도전하지 않으려고 합니다.

자존심은 타인과의 비교나 타인의 평가로 이루어집니다. 타인의 기준에 좌우되므로 매우 약하고 망가지기 쉽습니다.

이 자존심과 비슷하게 생긴 말로 '자존감'이 있습니다. 자존감은 '자기 자신을 가치 있는 사람으로 여기고 자신을 소중하게 생각하는 마음'입니다. '자아존중감'이라고도 하지요. 장점과 단점 그리고 부족한 점 모두 포함하여 자신을 소중한 존재라고 생각하게 하는, 쉽게 말해 자신을 사랑하는 마음입니다.

자존감이 높은 아이는 자신에게 믿음이 있으므로 도전 정신이 왕성하고 어떤 일이라도 적극적으로 시도합니다. 다른 사람의 의견도 거부하지 않고 받아들이지요.

자존심이 강한 아이는 자존감이 낮고 열등감이 강합니다. 자신의 부족한 면을 숨기려고 다른 사람의 말은 아예 듣지도 않으려고 할 수 있지요.

아이의 이런 괴로운 마음을 이해하고 부모님이 먼저 **아이의 장점과 단점을 있는 그대로 인정하고 사랑해 주세요.**

그리고 결과가 아니라 과정을 칭찬해 주어야 합니다. 점수가 좋지 않았다 해도 열심히 공부했다면 "시험을 위해 열심히 노력했구나" 하고 인정해 주세요. **100점을 맞았기 때문이 아니라 노력을 했기 때문에 칭찬받을 만한 것입니다.**

💬 아이의 의욕을 꺾는 말

- 다음에는 꼭 1등 해야 한다.
- 그렇게 공부했는데 이 점수니?

💬 아이의 의욕을 키우는 말

- 실패해도 괜찮으니 한번 해 봐.
- 열심히 노력했구나.

💬 이렇게 해 볼까요?

- 결과가 아니라 노력을 칭찬한다.
- 아이를 있는 그대로 받아들인다.
- 결과가 나쁘더라도 괜찮다고 안심시켜 준다.

스마트폰에 빠져
공부를
소홀히 해요

아이의 의욕을 꺾는 말

**언제까지 스마트폰만
쳐다볼래?**

아이의 의욕을 키우는 말

**스마트폰 사용 규칙에 대해
의논해 볼까?**

준우는 요즘 자기 방에 틀어박혀 스마트폰만 들여다보고 만지
작대고 있습니다. 그만하라고 혼내면 토라져 말도 안 합니다.
너무 걱정이에요.

스마트폰 의존은 SOS 신호일지도 몰라요

지금은 초등학생 절반 이상이, 중학생은 대부분이 스마트폰을 사용하는 시대가 되었습니다. "다들 있으니까 나도 사줘"라는 말에 마음이 약해져 스마트폰을 사 주는 부모님도 계시겠지요. GPS 기능이 있으니 현재 위치를 바로 알 수 있어 아이의 안전을 위해서 사 주는 부모님도 많습니다.

문제는 스마트폰에 빠져 공부에 소홀해지는 것입니다. 그렇다고 혼을 내고 억지로 스마트폰을 뺏으면 부모 자녀 간 다툼으로 번지겠지요. 그러면 의욕 스위치 문제를 넘어서는 심각한 문제가 되어 버립니다.

이럴 때는 아이와 의견을 조율하여 가정 내에서 스마트폰 사용 규칙을 정해야 합니다. 예를 들면 하루에 한 시간 이내로 저녁 9시까지 사용한다, 식사나 공부를 할 때는 서랍에 넣어 둔다, 게임은 무료인 것만 한다, 아는 사람하고만 문자를 주고받는다 등이 있겠지요.

요즘은 게임 유료 결제나 앱 다운로드를 제한하고, 유해 사이트를 차단하는 편리한 관리 앱도 개발되었습니다. 무조건 제한하지만 말고 '자신을 지키기 위해 필요한 규칙'임을 아이에게 이해시킨 후에 바르게 사용하도록 지도하면 좋겠습니다.

그런데 스마트폰에 집착하는 것은 스트레스에서 벗어나고 싶다는 신호이기도 합니다. 이런 경우는 스트레스의 원인을 없애 주면 스마트폰에 의존하지 않게 됩니다.

"요즘 뭐 걱정되는 일이라도 있니?" 하고 부드럽게 물어보고 만약 고민거리가 있다면 함께 대책을 생각해 주세요.

💬 아이의 의욕을 꺾는 말
- -

- 언제까지 스마트폰만 쳐다볼래?
- 자꾸 그러면 스마트폰 압수할 거야!

💬 아이의 의욕을 키우는 말
- -

- 스마트폰 사용 규칙에 대해 의논해 볼까?
- 요즘 스마트폰을 자주 만지는 것 같은데 혹시 무슨 걱정이라도 있어?

💬 이렇게 해 볼까요?
- -

- 무조건 혼내지 말고 아이의 기분을 물어본다.

- 아이와 대화를 통해 가정 내에서 스마트폰 사용 규칙을 정한다.
- 다른 고민거리가 있는 건 아닌지 아이의 상태를 잘 살펴본다.

아침에
잘 일어나지
못해요

아이의 의욕을 꺾는 말
빨리 일어나. 또 지각하겠다.

아이의 의욕을 키우는 말
학교에 걱정거리라도 있니?

수아는 시계 알람을 맞추어 놓아도 잘 일어나지 못합니다. 엄마가 깨우러 가도 꾸물대며 침대에서 나오지 못하고 가끔은 학교에 가기 싫다고 칭얼대며 지각하는 날이 늘고 있습니다.

일어나지 못하는 원인을 먼저 살펴보세요

왜 아침에 일어나지 못할까요? 다양한 원인이 있겠지만 대부분은 늦게까지 자지 않아서인 경우가 많습니다. 이때는 우선 아이가 일찍 잠자리에 들도록 다독이고 되도록 규칙적인 생활을 하도록 도와주어야 합니다. 수면 부족이 계속되면 의욕이 떨어질 수밖에 없습니다.

이런 경우, **아이가 늦게 자는 원인을 자세히 살펴보아야 합니다.** 단순히 생활 리듬이 조금 흐트러진 정도라면 괜찮지만, 문제가 개선되지 않고 계속된다면 뭔가 심리적인 문제가 숨어 있을 수도 있습니다.

제가 지도한 대학생 중에서 다음과 같은 학생이 있었습니다.

"의욕이 생기지 않아요."

이렇게 말하길래 제가 물었죠.

"몇 시에 일어나세요?"

"8시에 일어나요."

"그럼 몇 시에 잠드세요?"

"새벽 2시요."

이런 일은 매우 흔합니다.

더 자세한 이야기를 들어 보니, 시험에서 좋은 결과가 나오지 않아 스트레스가 쌓였고 밤에 게임으로 스트레스를 풀려고 했는데, 그러다 보니 점점 늦게 자게 되어 생활 리듬이 무너졌고 성적은 점점 떨어지는 등 악순환에 빠져 있었습니다.

"아침을 맞기가 두렵다"라고 말하는 사람도 있었습니다. 아침에 눈을 뜨면, '오늘 연습이 잘 안되면 어쩌지?', '좋은 기록이 안 나오면 어쩌지?' 하며 불안에 사로잡힌다고 했습니다. 그 학생 역시 밤이 현실 도피의 시간이 되었지요.

이렇게 불안이나 긴장과 같은 스트레스를 느끼고 그 스트레스를 피하려고 밤늦게까지 자지 않고 버티는 경우도 있지요.

아이는 다양한 형태로 신호를 보냅니다. **겉으로 보이는 말이나 행동만을 보고 꾸짖기만 하면 점점 더 의욕을 잃을 뿐입니다.** 아이의 의욕을 되살리고 싶다면 왜 그런 행동을 하는지 원인을 먼저 찾아야 합니다.

💬 아이의 의욕을 꺾는 말

- 빨리 일어나. 또 지각하겠다.
- 늦게까지 있지 말고 이제 좀 자.

💬 아이의 의욕을 키우는 말

- 학교에 걱정거리라도 있니?
- 요즘 왜 일어나기가 힘들까?

💬 이렇게 해 볼까요?

- 문제 행동을 나무라지 말고 원인을 찾으려는 자세를 지닌다.
- 고민거리가 생긴 것은 아닌지 아이의 상태를 주의 깊게 지켜 본다.
- 부모 역시 가능한 한 늦게 자지 않도록 한다.

무슨 말을 해도
'별로', '그러든지' 같은
말만 하고 무관심해요

아이의 의욕을 꺾는 말
빈둥대지 말고 제대로 해.

아이의 의욕을 키우는 말
너라면 할 수 있어.

민준이는 방과후 활동도 하지 않고 집에 오면 게임을 하거나 TV를 보면서 아무 일도 하지 않고 시간을 보냅니다. 이런 상태로 지내도 괜찮을지 걱정되어 부모님은 안절부절못하고 있습니다.

억지로 마음의 문을 여는 것은 좋지 않아요

항상 뒹굴뒹굴하는 아이를 보면 부모는 공부든 운동이든 뭐든 아이가 하고 싶다는 의욕을 가졌으면 좋겠다고 생각하게 됩니다. 부모님의 그런 마음은 충분히 이해됩니다. 하지만 아이는 계속 건성으로 답하는데 "뭔가 하고 싶은 일이 없는 거니?" 하고 집요하게 물어보면 아이에게 대답을 강요하는 행동이 됩니다.

물어봐도 대답하지 않을 때는 억지로 아이 마음의 문을 열어 비집고 들어가려 하지 말고 조용히 기다려 주세요. 무슨 일이든 타이밍이 있습니다.

TV 드라마를 보다가 뭔가 힌트를 찾아낼 수도 있습니다. 음악을 듣다가 문득 감정이 움직일 수도 있지요.

"나도 저런 아름다운 글을 써 보고 싶어."

만약 아이가 이런 말을 한다면 그것이 아무리 무모한 도전이더라도 "재미있겠네", "너라면 잘할 거야" 하고 응원해 주세요. 아이들은 약간 들떠 의욕을 보이는 정도가 딱 좋습니다.

가끔 보면 아이를 일부러 인정하지 않는 부모도 있습니다.

제가 운영했던 부모 교실에서도 비슷한 일이 있었습니다.

"우리 아들은 어때 보이세요?"

이 질문을 듣고 저는 그 아이의 좋은 점을 말해 주었습니다.

"무척 순수하고 겸손하며 도전 정신도 있는 것 같습니다. 앞으로 더 기대되는 아이예요."

그러나 어머니는 이렇게 말씀하셨지요.

"아니에요, 이걸로는 안 되죠. 저희 아들은 아직 멀었습니다."

이 이야기를 하는 동안 아이는 계속 고개를 푹 숙이고 있었습니다. 부모님의 말씀으로 인해 아이의 마음이 위축되는 것 같아 저는 마음이 아팠습니다.

"맞아요. 많이 노력하고 있답니다"와 같은 말로 아이를 인정해 주어야 합니다.

아이는 부모가 자신을 신뢰하고 인정해 준다고 느낄 때 더욱 의욕이 생깁니다. 민준이의 경우도 부모가 아이를 믿고 기다려 주는 자세를 지닌다면 머지않아 스스로 움직이기 시작할 것입니다.

💬 아이의 의욕을 꺾는 말

- 빈둥대지 말고 제대로 해.
- 뭐라도 좀 해 보지.

💬 아이의 의욕을 키우는 말

- 너라면 할 수 있어.
- 항상 응원하는 거 알지?

💬 이렇게 해 볼까요?

- 집요하게 물어보고 답을 끌어내려고 하지 않는다.
- 흥미를 보이는 일이 있으면 할 수 있다고 격려한다.
- 아이의 자신감과 의욕을 높이고자 응원의 말을 건네 기분을 조금 띄워 주는 것이 좋다.

12

성적이 점점
뒤처쳐
좌절하고 있어요

아이의 의욕을 꺾는 말
그렇게 계속 풀 죽어 있을 거야?

아이의 의욕을 키우는 말
지금까지 열심히 했으니
쉬어 가도 괜찮아.

서진이는 성적이 높아 반에서도 줄곧 상위권을 유지해 왔습니다. 하지만 중학교 진학을 앞두고 학원에 다니는 친구들이 늘어나자 서진이의 성적은 점점 떨어지기 시작했습니다. 요즘은 예전만큼 공부에 집중하지 못해요.

스스로 행동하기를 기다려 주세요

소중한 우리 아이가 좌절을 맛보지 않았으면 좋겠다고 생각하기 때문일까요? 넘어지고 좌절하기 전에 장애물을 없애 주어야겠다는 생각으로 상담하러 오시는 부모님이 많습니다.

하지만 앞에서도 말했듯이 실패나 좌절도 기쁜 마음으로 받아들여야 합니다. 좌절은 배움의 기회가 되어 아이에게 살아가는 힘을 키워 주는 경험입니다.

저도 20대에는 몇 번이나 좌절을 겪었습니다. 당시에는 괴로웠지만, 돌아보면 그 경험이 있었기에 지금의 제가 있음을 진심으로 느끼고 있습니다.

아이가 어려움을 겪으며 많이 괴로워한다면 부모로서 뭔가 도와주고 싶다고 생각하게 됩니다. 그 마음은 너무나 깊이 공감하지만, 일단은 가만히 내버려두는 것이 어떨까요? **마음이 지쳤을 때는 억지로 일으켜 세우기보다는 잠시 쉬게 하는 것이 가장 좋습니다.**

모든 면에서 우수한 아이가 갑자기 성적이 안 나와 '나는 이제 끝이구나' 하며 좌절하는 경우도 있습니다. 그럴 때 저는 푹 쉬라고 말해 줍니다. 이때는 무엇을 하는 것 자체가 뇌에 큰 스트레스가 되기 때문입니다. 아무 생각도 하지 말고 그냥 멍하게 있도록 하는 것도 좋습니다.

우습게도 사람은 그런 상태로 오래 버티지 못합니다. 너무 바쁜 나날이 이어지면 아무 일도 하지 않아도 되는 날을 원하지요. 그런데 "아무 일도 하지 마세요"라고 지시를 내리고 반응을 살펴보는 실험을 했더니 대부분의 사람이 지루함을 못 이겨 2~3일 만에 두 손을 들었다고 합니다.

아무 일도 하지 않는 시간이 오히려 다시 일어서는 계기가 되기도 합니다. 한참 쉬고 나서 에너지가 충전되면 다시 활동하고 싶어지기 때문이겠지요.

부모로서 가만히 지켜만 보기엔 쉽지 않지만, 조금만 참고 따뜻한 시선으로 지켜봐 주세요. 아이가 다시 하고 싶은 마음이 생길 때가 반드시 온다고 믿고 평소처럼 대해 주세요.

일상을 벗어나 아이를 잠시 자연으로 데려가 주는 것도 좋습니다. 초록의 나무를 보고 맑은 공기를 쐬면 지친 마음이 치유되고 의욕이 다시 살아날 테니까요.

일본의 국립 청소년 교육진흥기구의 조사에 따르면, 어린 시절에 자연 체험을 풍부하게 한 사람일수록 의욕적인 성인으로 성장한다고 합니다.

바다나 산과 들로 데리고 나가 자연과 어울릴 기회를 가능한 한 많이 만들어 주세요. 저는 그중에서도 특히 등산을 추천합니다. 비탈길을 걸으면 발바닥이 자극을 받아 뇌가 활성화됩니다. 집중력도 높아지지요. 다칠 위험이 없는 모래밭에서 맨발로 걸어도 좋습니다.

💬 아이의 의욕을 꺾는 말

- 그렇게 계속 풀 죽어 있을 거야?
- 계속 이러면 점점 뒤처질 거야.

💬 아이의 의욕을 키우는 말

- 지금까지 열심히 했으니 쉬어 가도 괜찮아.
- 산책하면서 생각을 정리해 볼까?

💬 이렇게 해 볼까요?

- 조급해하지 말고 느긋하게 쉬게 한다.

- 평소처럼 대하며 아이 스스로 생각할 시간을 준다.
- 산이나 바다에 데려가 기분 전환을 시켜 준다.

의욕을 높이는
성장형 사고방식

캐럴 드웩 교수의 '성장형 사고방식'

아이들의 마음과 행동에 대해 얘기하기 전에 양육자 여러분은 자신의 사고방식에 대해 생각해 보신 적이 있나요?

흔히들 부모는 아이의 거울이라고 하지요. 그렇기에 아이들의 사고방식을 이야기하기 전에 부모님이 먼저 이 개념을 알고 생각해 보는 것이 필요해요.

사고방식이란 세상과 어떤 문제에 대해 생각하는 방식이라 설명할 수 있습니다. 어떤 문제를 맞닥뜨렸을 때 우리의 생각과 결정을 좌우하는 것이지요. 어린이, 청소년의 사고방식을 이해하기 위해서는 미국의 유명한 심리학자 캐럴 드웩 교수의 연구를 살펴보는 게 도움이 됩니다. 1978년 드웩 교수는 탁월한 결과를 이끌어 내는 가장 중요한 요소는 훈련이 아니라 타고난 재능이라고 생각하는 고정관념에 대해 몇 가지 질문을 던집니다.

- 탁월함을 결정짓는 요소가 재능이라는 발상은 사실일까?
- 재능이 가장 중요하다는 믿음은 모든 행동에 영향을 미칠까?
- 재능이 가장 중요하다는 믿음은 우리가 각종 도전을 이해하고 이에 반응하는 방식을 규정할까?
- 재능이 가장 중요하다는 믿음은 두뇌를 쓰는 단계에만 적용될까, 아니면 모든 생각과 감정, 행동에 배어 있을까?
- 재능이 가장 중요하다는 믿음에도 불구하고 성장하기 위한 노력을 계속해 나갈 수 있을까?

이 의문을 풀기 위해 드웩 교수는 간단한 실험을 합니다. 먼저 그녀는 초등학교 5~6학년 330명을 모아 설문조사를 했습니다. 설문의 내용은 '지능 수준은 유전으로 결정된다고 믿는 가, 아니면 노력으로 바꿀 수 있다고 믿는가?'였지요. 아이들은 유전으로 결정된다고 답한 집단과 노력으로 바꿀 수 있다고 답한 집단으로 나뉘었습니다. 이후 드웩 교수는 모든 학생에게 열두 문제가 실린 문제지를 나누어 주었습니다. 문제들 중 앞의 여덟 문제는 평이했던 반면 뒤의 네 문제는 매우 어려웠습니다. 모든 학생이 푸는 데 애먹을 정도였지요.

문제 풀이가 끝난 후, 드웩 교수는 흥미로운 결과를 발견합니다. 1번부터 8번까지 문제를 푸는 동안 두 집단의 아이들은 실력에 큰 차이가 없었으나, 9번부터 12번까지의 어려운 문제는 노력으로 바꿀 수 있다고 답한 아이들이 더 잘 풀었던 겁니다. 특히나 지능이 유전으로 결정된다고 답한 아이들은 어려운 문제를 접한 순간 문제를 풀려는 의욕이 현저히 떨어지고, 아예 문제 풀이를 포기해 버린 경우도 많았지요.

반면 지능은 노력으로 바꿀 수 있다고 답한 아이들은 어려운 문제에 부딪혀도 끈질기게 노력했습니다.

드웩 교수는 이 실험을 통해 어떻게 생각하느냐에 따라 우리가 주저앉을 수도, 나아갈 수도 있다는 걸 깨달았습니다. 결과의 차이는 그 사람이 지닌 사고방식이 결정한다는 사실을 밝혀 낸 것이죠.

이후 다른 실험에서도 같은 결과가 나왔어요. 한 집단엔 노력으로 똑똑해질 수 있다는 강의를 하고 다른 집단엔 그냥 기억력과 관련된 강의를 한 뒤 향후 학습 태도가 어떻게 달라졌나를 확인하자, 노력으로 똑똑해질 수 있다는 강의를 들은 집단의 학습 태도가 훨씬 좋아졌다고 합니다.

드웩 교수는 이렇게 지능이나 재능보다 성취에서 가장 중요한 게 노력이라고 믿는 사고방식을 '성장형 사고방식'이라 하고, 노력보다 타고난 환경과 유전 요인이 중요하다고 믿는 사고방식을 '고정형 사고방식'이라 했습니다.

그럼 이 두 사고방식이 어떻게 다른지, 무엇이 포기하지 않는 나를 만드는 데 더 중요한지 확인해 볼까요?

80~81쪽에 여러분이 성장형 사고방식을 지녔는지, 고정형 사고방식을 지녔는지를 판단할 수 있도록 각 사고방식에 해당하는 태도를 적어 두었습니다. 어느 한쪽을 정하는 게 쉽지 않을 수 있어요. 또 어떤 일에는 성장형 사고방식을 보이고 어떤 일에는 고정형 사고방식을 보일 수도 있습니다. 헷갈리더

라도 자신의 사고방식을 생각해 보고 선택하세요. 여러분의 성격에 맞는 가장 적절한 성취 방법을 찾아내는 데 도움이 될 테니까요.

나는 고정형 사고방식을 가졌을까?

고정형 사고방식을 지닌 사람은 인간이 '어떤 일에 재능이 있다' 아니면 '실망스럽지만 재능이 없다' 둘 중 하나라고 믿습니다. 아무리 열심히 애써도 바꿀 수 있는 것은 한정적이며 매우 어렵다고 생각하고요. 이렇게 재능은 타고나거나 아니거나 둘 중 하나라고 믿으면, 무슨 문제가 생길까요?

생각해 보세요. 내가 피아노 연주 연습을 100번 할 동안, 몸에 피아니스트의 피가 흐르는 친구는 10번만 연습해도 나보다 멋진 연주를 해낸다면 과연 연습할 맛이 날까요? 이처럼 재능의 유무가 성공의 열쇠를 쥐고 있다면 능력을 향상시키려는 연습이나 노력은 아무 의미가 없어집니다. 노력해 봐야 소용이 없는데 왜 노력을 하나요. 고정형 사고방식이 이래서 무서운 겁니다. 아예 노력 자체를 시작하지 않게 하고, 아무것도 시도

하지 않아 아무것도 얻지 못하는 악순환을 불러오는 것이지요.

게다가 고정형 사고방식에 빠지면 중요한 일들보다 아무짝에도 쓸모없는 일들에 더 집중하게 됩니다. 재능이 없는 일들은 아예 시도해 볼 생각도 없으니 해야 할 일들 목록에서 맨 밑바닥을 차지하게 됩니다.

드웩 교수에 따르면 고정형 사고방식을 가진 사람은 인류의 40퍼센트가 넘는다고 합니다. 전 세계에 고정형 사고방식을 지닌 사람이 대략 29억 6000만 명이나 된다는 뜻입니다. 정말 많죠? 유럽과 북아메리카 인구를 다 합친 것보다도 더 많습니다.

작은 말 한마디, 행동 하나가 우리를 고정형 사고방식으로 몰아갈 수 있습니다. 그 흐름 속에서 자칫 중심을 잃으면 영원히 스스로 한계를 짓고 아무런 노력도 하지 않은 채 살아가게 됩니다.

나는 성장형 사고방식을 가졌을까?

고정형 사고방식과 반대로 성장형 사고방식은 '능력이 고정되어 있지 않다는 믿음'입니다. 모든 도전을 불사하고 발전을 이루는 사람들은 성장형 사고방식을 갖고 있습니다.

우리는 태어날 때 절대 크기가 바뀌지 않는 재능 주머니를 들고 태어나지 않습니다. 재능이란 건 연습을 통해 성장하고 변화시킬 수 있어요. 성장형 사고방식은 노력으로 기본 자질을 기를 수 있다는 믿음에서 시작됩니다.

그럼 성장형 사고방식의 특징을 더욱 자세히 알아봅시다.

특징 1: 능력은 근육이라는 생각

성장형 사고방식을 가진 사람은 능력이란 근육과 같은 것이라고 생각합니다. 무슨 말이냐고요? 헬스클럽에서 아령을 들었다 내렸다 하면서 운동을 하면 근육이 단단해지는 것처럼, 능력도 연습과 훈련을 통해 강화할 수 있다고 믿는 거예요. 적절한 노력을 기울이면 글을 더 잘 쓸 수 있고 운동을 더 잘할 수 있으며, 친구들과의 관계도 더 좋아질 수 있다고 생각하는 것이지요. '능력은 고정되어 있지 않기에 얼마든지 나아질 수 있다.' 이 믿음이 있어야만 포기하지 않고 매달리는 끈기를 가질 수 있어요.

특징 2: 새로운 일을 하고 싶다는 열망

고정형 사고방식을 지닌 사람들이 새로운 일에 도전하길 꺼리는 것은 실패할 가능성이 있다는 두려움 때문입니다. 반면 성장형 사고방식의 사람들은 실패하더라도 새로운 일을 하고 싶다는 열망 덕에 도전에 주저하지 않습니다. 그렇게 새로운 걸 또 도전해서 성공하면 그 성취감으로 성장형 사고방식이 더욱 굳건해지고 다음 단계로 나아갑니다. 새로움 자체가 그릿, 즉 근면성을 자극하는 강력한 동기가 되면서 계속 도전하는 힘을 얻게 되지요.

특징 3: 비판을 적극 수용하는 태도

한 탁구 선수의 이야기를 해 보겠습니다. 선수 시절, 그는 어느 정도 실력을 쌓은 후부터는 창의적인 타법을 주로 시도해 보았습니다. 그에게 당시 코치는 한 가지 타법만을 반복적으로 훈련시켰지요. 그는 이 훈련이 가치가 있을까 하는 의문이 들었습니다. 그러나 녹초가 될 만큼 힘든 훈련을 끝낸 후 이 훈련의 의미를 이해했습니다.

그의 타법은 칠 때마다 너무 달라서 실수를 해도 왜 실수를 하는지 정확히 파악하기가 어려웠지요. 그런데 한 가지 타법을 계속하다 보니 무엇이 잘못되었고 어디를 고쳐야 할지 명백히 드러났던 것입니다. 그제야 스스로의 잘못된 부분을 파악하고 이를 개선하려는 노력이 탁월한 실력을 만드는 방법임을 깨달았습니다.

이처럼 성장형 사고방식을 지닌 사람들은 더 나은 결과를 만들기 위해서 무엇이 잘못되었는지 찾고, 그 비판 내용을 흔쾌히 받아들여 발전하려는 태도를 보입니다. 비판을 자신에 대한 공격으로 여기지 않고 발전을 위한 재료로 활용하는 거지요.

특징 4: 목표 달성 후 다음 단계를 설정하는 정신

성장형 사고방식으로 훈련하고 연습해서 결과물을 내는 사람들은 결실을 맺은 후에도 남다른 태도를 보입니다. 다음 목표를 설정하고 나아가며 다른 차원의 그릿을 얻기 위해 계속 노력하지요. 사실 사람은 열심히 노력한 뒤 성과를 내면 다소 허무해지게 마련이에요. 실제 올림픽에서 금메달을 딴 선수들이 올림픽이 끝난 후 깊은 상실감에 빠져 일상이 망가지는 경우가 허다하지요.

이때 성장형 사고방식의 사람들은 성취가 주는 '감정적 만족'에서 재빨리 빠져 나옵니다. 내가 타고난 능력으로 좋은 결과를 냈다는 생각 대신 그간 노력한 나 자신이 자랑스럽다는 만족감으로 소감을 정리한 뒤 다음의 목표를 찾아 출발하는 겁니다. 아마도 노력을 통해 더욱더 나아질 수 있다는 믿음은 그대로 가지고 가겠죠?

정리하자면, 분명 노력하면 나아질 텐데 지레 포기하지 말라는 겁니다. 끈질기게 노력하다 보면 올림픽 챔피언은 못 될지언정, 분명 처음 시작했을 때보다는 훨씬 나아진 자신을 만날 수 있을 테니까요.

- 『10대를 위한 그릿』 중에서 발췌

능력	노력	실수	피드백
능력은 태어날 때 이미 결정돼 있다. 사람은 특정한 재능, 소질 또는 기량을 가지고 태어난다.	노력이 무슨 의미가 있나? 내 능력은 태어날 때 이미 주어졌고 바꿀 수 없다.	실수를 저질렀다고 인정할 것 없다. 하던 대로 계속하자. 절대 남에게 도움을 청하지도 말자. 재능이 뛰어난 사람들은 도움이 필요 없다!	피드백은 필요 없다. 불편하기만 하다. 그래서 보통 피드백은 그냥 무시한다.

성장형
사고방식

능력	노력	실수	피드백
능력은 연습으로 키울 수 있다. 재능, 소질, 기량은 발전할 수 있는 것!	무엇이든 한번 시도해 봐야 한다. 노력을 쏟는 것이야말로 성취를 이루는 유일한 방법이다.	누구나 실수한다. 실수는 부끄러운 일이 아니며 내가 무엇을 모르는지 정확히 알려 준다. 따라서 실수는 기량을 올리는 데 최고의 기회다.	피드백을 감사히 여긴다. 어디가 잘못됐는지 모르면 절대 나아질 수 없다.

도전

도전을 즐기지 않는다. 무슨 수를 써서라도 피하고 본다. 바보처럼 보이긴 싫다. 시도했다가 망치면 어떡하나? 지면 어떻게 하나? 아예 안 하는 편이 낫다.

타인의 성공

남들의 성취에 질투가 난다. 더불어 난 그들만큼 잘하지 못한다는 생각에 다소 방어적이 된다.

결과

노력과 연습보다 쓸데없는 일에 매달리는 당신.

도전

나는 도전을 반긴다. 새로운 일을 시도하는 것만이 배움에 이르는 유일한 길이다. 처음부터 잘하지 않아도 신경 쓰지 않는다. 괜찮다. 다음에, 아니면 그 다음에는 잘하게 될 것이다.

타인의 성공

항상 남들은 어떻게 목표에 도달했는지 알아내려 노력한다. 그 사람들은 무엇을 했을까? 어떻게 하면 그 사람들과 똑같이 성공을 거둘 수 있을까?

결과

최고가 되기 위해 최선을 다하는 당신.

마음이 단단한 아이로 자라게 하는 43가지 대화 습관

Chapter 2

아이의 자신감을 키우는 법

노력해 보지도 않고
'너무 어려워',
'못 하겠어'라고 말해요

아이의 자신감을 꺾는 말
저 아이는 할 수 있는데 너는 왜 못 하니?

아이의 자신감을 키우는 말
괜찮으니까 한번 해 봐.

주원이는 무언가를 하더라도 조금 어렵다고 생각되면 바로 그만둡니다. 이번 여름방학에 수영으로 50미터를 완주하겠다는 목표를 세웠지만, 금세 자신에게는 무리라며 도중에 포기하고 말았습니다.

잘못된 믿음을 깨게 해 주세요

포기 습관이 생긴 이유는 지금까지 몇 번이나 실패를 반복해 왔기 때문입니다. 그 결과 '나는 뭘 해도 안 돼'라는 생각에 의욕을 잃게 되었지요. 이것을 '학습된 무기력'이라고 합니다.

'창꼬치'라는 물고기를 이용한 재미있는 실험이 있습니다. 수조에 창꼬치 여러 마리를 넣고 먹이가 될 작은 물고기를 함께 넣습니다. 창꼬치는 신나게 먹이를 먹지요. 그다음 수조 가운데에 투명한 판을 넣어 공간을 분리합니다. 한쪽에 배가 고픈 창꼬치를 모아 두고 다른 한쪽에는 작은 물고기를 넣습니다. 창꼬치들은 작은 물고기를 향해 돌진하지만, 투명판에 부딪혀 먹지는 못하지요. 몇 번 반복해서 투명판에 충돌하면 아무리 애써도 먹이를 먹지 못한다는 사실을 깨닫고 포기하게 됩니다. 더는 노력하지 않게 되지요. 그 상황에서 판을 제거합니다. 이제 자유롭게 먹이를 먹을 수 있는데도, 창꼬치는 먹이를 먹으러 가지 않습니다. '노력해 봤자 소용없다'고 믿어 버리기 때문입니다. 이렇듯 **실패를 반복하면 무기력해지고, 도전하려는 의욕이 없어집니다.**

자, 어떻게 하면 이 창꼬치의 잘못된 믿음을 없앨 수 있을까요? 답은 간단합니다. 아무것도 모르는 건강한 창꼬치 한 마리를 넣어 주면 됩니다. 이 창꼬치는 분리 판이 있었다는 사실을 모르기 때문에 아무렇지도 않게 작은 물고기를 먹으러 갑니다. 원래 있던 창꼬치들은 그것을 보고 '뭐야, 먹을 수 있잖아' 하며 다시 맹렬하게 달려들어 먹기 시작하지요.

이 원리는 사람에게도 똑같이 적용됩니다. 예전에는 사람들이 100미터 달리기에서 10초의 벽을 넘지 못한다고 믿었습니다. 하지만 칼 루이스가 10초의 기록을 깬 순간 그 잘못된 믿음은 사라졌습니다. 그 후로는 9초대의 기록을 내는 선수가 계속 나왔습니다.

아이가 무기력에 빠져 있을 때는 누군가 비슷한 처지를 극복해 낸 사람이 있는지 찾아봅시다. 주원이에게 50미터를 완주한 친구가 수영하는 모습을 보여 주어도 좋습니다. 눈앞에서 자기 친구가 50미터를 헤엄쳐 내는 모습을 보면 '쟤도 하니까 나도 할 수 있을 것 같아'라며 자극을 받겠지요.

무기력의 원인을 찾으면서 동시에 주변의 성공 모델을 보여 주면 좋습니다.

💬 아이의 자신감을 꺾는 말

- 저 아이는 할 수 있는데 너는 왜 못 하니?
- 변명만 하고 아무 일도 하지 않는구나.

💬 아이의 자신감을 키우는 말

- 괜찮으니까 한번 해 봐.
- 실패해도 괜찮아.

💬 이렇게 해 볼까요?

- 실패하더라도 도전한 것을 칭찬한다.
- 주변에서 좋은 모델을 찾아 보여 준다.
- 노력하는 사람의 모습을 통해 도전의 의미를 깨우쳐 준다.

조금만 혼나도
쉽게
의기소침해해요

아이의 자신감을 꺾는 말
언제까지 끙끙대고 있을 거니?

아이의 자신감을 키우는 말
지금 네 모습 그대로 괜찮아.

채원이는 요즘 기운이 없습니다. 학교에서 선생님에게 혼난 일로 며칠째 끙끙 앓고 있어요. 적당히 털고 일어났으면 좋겠는데 어떤 말을 해 주어야 좋을지 모르겠습니다.

아이를 있는 그대로 받아들여 보세요

아이가 누군가에게 야단을 맞았을 때는 뭔가 잘못했으리라고 섣불리 넘겨짚지 말고 아이의 이야기를 잘 들어 주세요. 아이 나름대로 사정이 있었을지도 모르니까요. 야단친 사람이 뭔가 착각했을 수도 있습니다.

아이가 "선생님께 혼났어"라고 말하면 "무슨 일로 혼났으려나? 좀 더 자세히 말해 줄래?" 하고 물어봅시다. 예를 들어 괴롭힘을 당하는 친구를 돕기 위해 "그만해!" 하고 소리쳤는데 선생님 눈에는 소란을 피우는 상황으로 보였을 수도 있겠지요.

선생님은 무척 바쁜 데다 많은 학생을 상대하기 때문에 눈앞에 보이는 말과 행동만 보고 판단하게 되는 경우가 많습니다. 반면 부모는 충분히 시간을 들여 아이의 말을 들어 줄 수 있습니다. **무슨 일이 있었는지 정확한 이유를 들어 보고 아이의 편에 서서 감정을 잘 살펴 주세요.**

부모가 선입관이나 고정관념을 갖지 않고 언제나 차분한 시선으로 아이를 지켜봐 주면 아이는 자연스레 부모를 신뢰하게 됩니다.

채원이는 조금만 혼나도 한참 동안 감정을 추스르지 못하는 부분이 걱정입니다. 이것은 자신에게 믿음이 없다는 증거입니다. 자아존중감이 낮다는 의미이지요.

자아존중감이 낮은 아이에게는 다음과 같은 특징이 있습니다.

- 사소한 일에 필요 이상으로 의기소침해진다.
- 자신감이 없고 열등감이 강하다.
- 항상 다른 사람의 눈치를 본다.
- 자기 의견을 잘 말하지 않는다.
- 칭찬받아도 마음껏 기뻐하지 않는다.
- 실패가 두려워 도전하려고 하지 않는다.
- 인간관계에 서투르다.
- 감정이 불안정하고 화를 잘 낸다.

저는 부모가 자녀에게 지나치게 결과를 강조하는 것이 아이의 자존감을 해치는 한 가지 원인이라고 생각합니다. 아이가 태어났을 때는 그 존재 자체가 귀하고 감사해서 조건 없는 사랑을 주었지요. 대가는 바라지도 않았습니다. 그러나 아이가 클수록 욕심이 생기고 사랑은 어느새 조건부로 바뀌어 갑니다.

사랑이라기보다 부모의 욕심이나 이기심에 더 가까울지도 모르겠습니다.

공부를 못하면, 주전 선수가 되지 못하면, 경기에서 활약하지 못하면 '별 볼 일 없는 아이'가 되어 버리지요. 아이는 그런 부모의 마음을 예민하게 알아채고 점점 위축되어 무기력해집니다. **스스로 자신감을 가지지 못하고, 부모의 기대에도 미치지 못하는 자신을 미워하게 됩니다.**

여러분도 아시다시피 아이는 슈퍼맨이 아니므로 모든 일을 완벽하게 해낼 수가 없습니다. 가슴에 손을 얹고 여러분의 어린 시절을 돌아보세요. 많이 서투르고 아무리 해도 안 되는 일이 많이 있지 않았나요?

저에게도 있었습니다. 떠올리면 얼굴이 화끈거릴 정도로 부끄러운 실수도 했었고, 큰 좌절도 맛보았습니다. 다들 그런 경험이 있으시겠지요.

능숙하게 해내지 못하는 것이 있더라도 당연하게 여기고 아이를 있는 그대로 인정하고 받아 주어야 합니다. "지금 네 모습 그대로 괜찮아. 그런 너를 사랑한단다"라고 말하면서 자주 안아 주세요. 그러면 아이는 차츰 자신이 둘도 없이 소중한 존재임을 깨닫고 자신을 소중하게 여기게 됩니다.

💬 아이의 자신감을 꺾는 말

- 언제까지 끙끙대고 있을 거니?
- 혼날 짓을 했겠지.

💬 아이의 자신감을 키우는 말

- 지금 네 모습 그대로 괜찮아.
- 학교에서 무슨 일이 있었니?

💬 이렇게 해 볼까요?

- 아이가 말할 때 귀를 기울인다.
- 선입관을 배제하고 객관적인 시선으로 아이를 본다.
- 애정을 담아 이야기한다.

15

실패할까 봐
두려워
도전하지 못해요

아이의 자신감을 꺾는 말
넌 왜 이렇게 겁쟁이니?

아이의 자신감을 키우는 말
실패하더라도 시도해 보자.

윤서는 공부도 잘하고 농구부에서도 대표를 맡아서 열심히 활동하고 있습니다. 하지만 모든 일에 소극적인 경향이 있습니다. 부모님은 윤서가 되도록 적극적으로 도전했으면 좋겠다고 생각합니다.

아이가 정한 '자기 규칙'을 허물자

능력은 있는데 소극적이고 도전을 어려워하는 유형의 아이는 대체로 실패에 대한 자기만의 규칙을 가지고 있습니다. 즉, '실패를 허용하면 안 된다'는 자기 규칙이자 신념, 비합리적 믿음이 있다는 말이지요. 이 때문에 섣불리 행동하지 못합니다. 만약 '실패는 성공의 어머니' 같은 자기 규칙이 있었다면 과감하게 도전하겠지요.

아이들이 흔히 가지는 자기 규칙은 다음과 같습니다.

- 결과가 전부이다.
- 실패하면 안 된다.
- 완벽하지 않으면 의미가 없다.
- 정답은 하나뿐이다.
- 나는 사랑받지 못한다.
- 나는 열등하다.

아이가 어떠한 규칙을 가졌는지에 따라 결과, 즉 행동이 달라집니다. 이 관계를 나타낸 것을 'ABC 이론'이라고 합니다.

● ABC 이론

ABC 이론은 미국의 심리학자 앨버트 엘리스가 제창한 것으로 사건 그 자체가 결과를 낳는 것이 아니라 사건에 대한 신념이 결과를 만들어 낸다는 이론입니다. 결국 신념(비합리적 믿음)을 바꾸면 결과가 달라진다는 뜻이지요.

부모님은 아이의 행동에 문제가 있다고 생각하면 어떻게든 바람직한 행동을 하게 하려고 잔소리를 합니다. 하지만 **그 행동을 유발하는 것은 아이의 신념이기 때문에 신념을 바꾸지 않고서는 근본적으로 해결되지 않습니다.**

아이가 왜 도전하지 않는지, 어떤 자기 규칙을 가졌는지 살펴보아야 합니다.

가능하다면, 그 이유를 담담하게 물어보세요.

"왜 시도해 보지 않니?"

아이가 "실패하면 속상하니까"라고 답하면 더 깊이 물어봐야 합니다.

"실패하면 안 될 이유가 있니? 왜 실패하는 게 두려워?"

그러면 여러 대답이 나옵니다. 예를 들면 "실패하면 혼나니까요!"라는 답이 나올지도 모르겠습니다. 그렇게 믿고 있기 때문이지요.

"왜 실패하면 혼날 거라 생각하니?"

"전에 경기 도중에 새로운 기술을 시도했다가 실패했을 때 선생님이 엄청나게 화내셨어요."

"그랬구나."

어떤 이유를 대더라도 우선은 아이의 말을 받아 주어야 합니다. 그런 후에 다른 관점에서 보게 해 줍니다. 아이는 세상을 보는 시야가 좁기 때문에 야단을 맞는다는 의미를 다각적으로 검토하기는 어렵습니다. 하지만 부모님은 인생 경험이 풍부하므로 다양한 관점에서 볼 수 있지요.

"선생님은 실패했다고 너희를 혼낸 게 아니라, 너희가 각자 자기 생각만 하고 움직였기 때문에 팀워크를 더 생각하라는 의미로 그랬던 건 아닐까?"

실패의 좋은 점을 알려 줘도 좋습니다.

"네 말대로 실패하면 혼날지도 모르지. 하지만 실패를 안 해 보면 발전할 수가 없지 않니?"

아이가 자기 규칙에 사로잡혀 앞으로 나아가지 못할 때는 이렇게 말하면 효과가 있습니다.

"정말 네가 믿고 있는 게 옳다고 생각하니?"

"네, 그런 것 같아요."

"100% 옳다고 단정할 수 있어?"

"100%는 아니겠지만…."

"너 혼자 그렇게 믿고 있는 것은 아닐까?"

"글쎄요…."

"만약 세상 사람들이 전부 그렇게 믿는다면 어떻게 될까?"

"아니, 그건 그거대로…."

이렇게 대화를 해 나가면 아이는 결국 깨닫게 되겠지요.

💬 아이의 자신감을 꺾는 말

- 넌 왜 이렇게 겁쟁이니?

- 용기를 내서 좀 해 봐.

🗨 아이의 자신감을 키우는 말

- 실패하더라도 시도해 보자.
- 왜 안 된다는 생각이 들까?

🗨 이렇게 해 볼까요?

- 실패가 두려운 이유를 들어 본다.
- 자기 규칙이 잘못된 믿음이라는 사실을 깨우쳐 준다.
- 다양한 관점에서 생각하며 시야를 넓히도록 도와준다.

16

자신보다
잘하는 친구가 있으면
풀이 죽어요

아이의 자신감을 꺾는 말
그 친구한테 지면 안 돼!

아이의 자신감을 키우는 말
너의 꿈과 목표는 무엇이니?

건우는 학교 과학부에서 활동하고 있습니다. 과학을 좋아하고 자신 있어 했지만, 과학 경시대회에 다녀온 뒤로는 자신보다 잘하는 아이가 수두룩하다는 사실을 알게 되어 기가 꺾였어요.

늘 자신과 겨루어야 한다는 점을 알려 주세요

저도 건우와 비슷했습니다. 초등학생 때는 야구선수로서 꽤 성적이 좋았습니다. 하지만 중학교에 들어가니 저보다 잘하는 선수가 몇 명이나 있었습니다. 야구 특기생으로 고등학교에 진학했는데 더 대단한 선수가 훨씬 많아 기가 꺾였지요.

그때는 프로 야구선수가 되는 것이 목표였습니다. 하지만 부상까지 겹쳐 결국 선수 생활을 그만두었지요. 지금 돌아보면 실패의 가장 큰 원인은 팀 동료를 라이벌로 생각하여 목표를 잃어버렸던 것이었습니다.

가까이 있는 누군가를 라이벌로 삼고 절차탁마하는 것은 나쁜 일이 아닙니다. 경쟁심을 부추겨 동기 부여를 하는 코치도 있을 정도니까요.

사람들은 흔히 라이벌을 이기면 자신감이 생긴다고 생각합니다. 그런데 '비경쟁 보상(경쟁을 통해 승자에게만 보상을 주는 것이 아니라, 승자와 패자 양쪽에게 보상을 주어 자신의 노력을 좋게 평가하고 동기를 부여하는 경쟁)'이라는 개념에서 보면 **타인과의 경쟁은 자신감이 아니라 과신을 불러온다**고 합니다.

타인과 경쟁할 때 승자는 "나에게는 재능이 있어, 나는 운이 좋아"라고 생각해 과도한 자신감을 갖게 되고, 패자는 "나는 재능이 없어. 난 운도 나빠"라고 생각해 완전히 의욕을 잃게 됩니다. 그러나 자신과 경쟁할 때는 결과가 좋으면 "나는 열심히 노력했어", 결과가 나쁘면 "나의 노력이 부족했던 것 같아"라고 생각하지요. 이 경우는 결과가 나빠도 "그래, 다음에 더 열심히 하자"라며 희망을 가질 수 있습니다.

누군가에게 이기는 것을 목표로 하지 말고, **스스로 더 발전하고 성장해 나가는 것을 목표로 하면 동기를 높게 유지할 수 있습니다.**

아이가 살아가는 세상은 좁기 때문에 원하지 않아도 주변의 누군가와 경쟁하게 되는 일이 많습니다. 그러니 빨리 넓은 세상을 보여 주세요. 아이가 운동선수를 꿈꾼다면 프로 선수나 최고 수준에 이른 사람이 연습하는 모습을 보여 주면 좋습니다. 경기를 관람할 때보다 가까운 곳에서 선수의 움직임을 보게 되므로 아이들은 선수의 힘과 에너지를 한층 가깝게 느낄 수 있습니다. 이미지가 그려지고 큰 목표가 생기면 무엇을 해야 할지 저절로 보입니다. 주변에 있는 사람들을 경쟁 상대로 여기고 우열을 가리는 것을 목표로 삼으면 안 됩니다.

진정한 세상을 직접 느낄 수 있는 곳으로 되도록 자주 아이들을 데리고 나가 주세요.

💬 아이의 자신감을 꺾는 말

- 그 친구한테 지면 안 돼!
- 저 아이는 정말 대단하네. 너는 못 당하겠는데.

💬 아이의 자신감을 키우는 말

- 너의 꿈과 목표는 무엇이니?
- 어떤 선수가 되고 싶어?

💬 이렇게 해 볼까요?

- 다른 사람과의 경쟁심을 부추기지 않는다.
- 승부가 아니라 자신의 목표 달성이 중요함을 알려 준다.
- 넓은 세상, 진정한 세상을 경험하며 자신만의 목표를 지니도록 한다.

스스로
자기 한계를
정해요

아이의 자신감을 꺾는 말

이런 성적으로 그 학교는 못 가겠네.

아이의 자신감을 키우는 말

공부를 하면 어떤 점이 좋을까?

아인이는 꾸준하고 성실하게 공부합니다. 하지만 성적이 잘 오르지 않습니다. 그래서 아인이는 자신의 머리가 나빠 아무리 노력해도 지금보다 잘할 수는 없을 거라고 포기하고 싶어 합니다.

'자기 한계의 뚜껑'을 벗기자

실제로는 더 능력이 있는데도 스스로 자신의 한계를 정하는 사람이 적지 않습니다. 대부분이 그렇다고 해도 과언이 아닐 정도이지요. 무의식적으로 스스로 자신의 뇌에 '제한'을 설정해 버립니다. 마치 진짜 능력이 깨어나지 않도록 뇌에 커다란 뚜껑을 덮어 두는 듯합니다. 저는 이것을 '자기 한계의 뚜껑'이라고 부릅니다.

저는 지금까지 많은 어린이와 청소년을 만나며 그들이 자기 한계의 뚜껑을 벗겨 내도록 도와주었습니다. 딸깍하는 소리를 내며 열리지는 않지만, 뚜껑이 벗겨졌다고 생각하는 순간 다들 표정이 훨씬 밝아집니다. 원래 자신이 가진 능력의 100%를 발휘해 기록을 쭉쭉 올리며 꿈을 이루어 가는 사람들이 계속 나왔지요.

다양한 방법이 있지만, 그중에서 쉽고 부담 없이 뚜껑을 여는 방법을 알려드리겠습니다.

우선, 가장 가슴 설레는 목표를 정합니다. 사람에게는 쾌락을 추구하는 본능이 있습니다. 그 쾌락이 크면 클수록 동기가 높아집니다. 그러므로 정말 가슴이 뛸 정도로 좋아하는 일이 아니면 안 됩니다.

아인이에게 성적을 올려 뭘 하고 싶은지 물어보았습니다.

아인이는 이렇게 답했습니다.

"M 고등학교에 들어가고 싶어요."

"왜 M 고등학교에 가고 싶은데?"

"배구팀이 강하잖아요. 저는 M 고등학교에 입학해서 배구를 하고 싶어요. 하지만 이런 성적으론 무리겠죠. 좀 낮춰서 S 고등학교에 가야 할 것 같아요."

이러면 안 됩니다. S 고등학교를 목표로 해서는 동기 부여도 안 될뿐더러 자기 한계의 뚜껑을 벗겨 낼 수 없습니다.

"M 고등학교의 운동복을 입고 배구부에서 활약하는 모습도 상상해 봐."

이렇게 격려하니 아인이는 이미지를 떠올리며 표정이 밝아졌습니다.

"네가 정말 M 고등학교 배구부에 들어가고 싶다면 단순히 M 고등학교에 진학한다는 막연한 생각보다 'M 고등학교 배구부에 들어가겠다!'라는 적극적인 마음가짐으로 도전해 보는 게 좋지 않겠니?"

아인이는 눈을 반짝이기 시작했습니다.

단순히 성적을 올리겠다는 생각만으로는 동기를 끌어올리기가 어렵습니다. **가슴이 뛸 만한 목표를 정해 두고, 자신이 활약하는 모습을 구체적으로 그려 보아야 합니다.**

송골송골 맺히는 땀, 공의 감촉, 동료의 목소리, 경기장의 고조된 분위기, 힘차게 공격하는 자신의 모습…. 오감을 자극하여 최대한 현실감 있게 그 장면을 떠올리도록 도와주세요. 가능하다면 실제로 M 고등학교에 직접 가 보면 이미지가 더 선명해질 것입니다.

실제로 그렇게 된다면 얼마나 신이 날지 상상하다 보면 아이의 몸과 마음에 의욕이 넘쳐나겠지요. '난 이 정도 수준이지'라는 셀프 이미지가 차츰 '활약하는 나'로 변해 가고 마침내 '나는 할 수 있어!'라는 믿음으로 바뀝니다.

자기 한계의 뚜껑을 벗긴다는 말은 바로 이러한 과정을 뜻합니다. 이 이미지트레이닝을 반복해서 떠올리도록 해 주세요.

실제로 저의 지도에 따라 이렇게 실천해 원하던 학교에 합격한 학생이 있습니다. 그 학생도 처음에는 자신의 실력으로는 절대 명문대에 들어가지 못한다고 생각했습니다. 하지만 '가슴 뛰는 일을 목표로 정한다'라는 저의 지도법에 자극을 받아 자신이 정말 대학에서 하고 싶은 것은 무엇인가에 대해 두루 생각해 보다가 '○○대학교 검도부에서 활약하고 싶다'라는 마음의 소리를 듣게 되었다고 합니다.

자신이 ○○대를 목표로 하다니 욕심이 과한 게 아닌가 하던 의구심이 점차 노려 볼 만하다는 생각으로 바뀌고, 새로운 자기 이미지가 생겨나 마침내 자기 한계의 뚜껑이 딸깍 벗겨졌습니다.

"그래, 한번 도전해 보자!"

그 학생도 막연하게 '○○대에 입학한다'는 목표뿐이었다면 공부를 계속하기가 힘들었을 테지요. 중간에 포기했을지도 모릅니다. 하지만 '○○대에 진학해 공부하고 꿈을 펼치는' 일은 그에게 무엇보다 가슴 설레는 목표였기에 끝까지 노력할 수 있었습니다.

신이 나서 가슴이 뛰면 쾌감 물질인 도파민이 분비됩니다. 도파민이 분비되면 의욕이 높아지지요. 도파민은 목표가 달성될 때까지 계속 분비되므로 어떤 시련도 뛰어넘을 수 있을 것입니다.

🗨 아이의 자신감을 꺾는 말

- 이런 성적으로 그 학교는 못 가겠네.
- 떨어지면 안 되니까 들어갈 수 있을 만한 곳을 목표로 하는 게 좋지 않겠니?

🗨 아이의 자신감을 키우는 말

- 공부를 하면 어떤 점이 좋을까?
- 네가 정말 가슴이 설렐 정도로 좋아하는 일은 뭐야?

🗨 이렇게 해 볼까요?

- 한계를 정하는 것은 자기 자신이며, 스스로 정한 한계는 비합리적인 믿음일 뿐이라고 알려 준다.
- 진심으로 가슴이 뛰는 일을 목표로 삼도록 격려한다.
- 자신이 활약하는 모습을 생생한 이미지로 떠올리게 한다.

부족한 부분에만
너무
신경을 써요

아이의 자신감을 꺾는 말

**다른 걸 잘해 봤자,
그걸 못하면 소용없잖아.**

아이의 자신감을 키우는 말

**이 부분, 이 부분도
무척 좋았어.**

수학을 좋아하는 태윤이는 수학 경시대회에서 상을 받은 적도 있습니다. 하지만 수학의 도형 개념은 어려워해 늘 실력이 부족하다고 걱정합니다.

약점보다 강점에 주목하게 해 주세요

우수한 영역도 많은데 자신 없는 쪽에만 신경을 쓰는 이유는 태윤이가 완벽주의자거나 지금까지 지적을 많이 받아 왔기 때문이겠지요. 부족한 부분만 자꾸 신경 쓰는 것이 바람직할까요? 성장해 나가기 위해서 약점도 알아야 하지만 도가 지나치면 자신감을 잃을 뿐입니다.

우선, 아이가 잘하는 일이 많다는 사실을 스스로 깨닫고 인정하게 해야 합니다.

"도형 문제에서는 실수가 있었지만 계산은 모두 정확했어."

이렇게 다른 면도 보도록 끌어 주고 격려하여 아이의 용기를 북돋아 줍니다.

저는 인간의 감정에 세 가지 단계가 있다고 생각합니다. 마이너스, 제로, 플러스입니다. **부모가 아이를 대하는 방법에 따라 아이의 감정은 마이너스가 될 수도 있고 플러스가 될 수도 있습니다.**

부모가 항상 부정적으로 말하면 당연하게도 아이의 감정은 마이너스로 움직입니다. 예를 들어 "뭐야, 착지에 또 실패했구나"라는 말을 들으면, 자기도 그렇게 생각하는데 또 질책을 받은 기분이 들어 더욱 우울해지겠지요.

이런 말은 괜히 아이의 감정을 해칠 뿐입니다. 그래놓고 "좀 더 의욕을 내서 해"라고 말하기도 하지요. 완전히 앞뒤가 맞지 않는 이야기입니다. 아이의 의욕은 점점 사그라들겠지요.

부모가 좋다거나 나쁘다는 말조차 하지 않는다면 아이의 감정은 제로입니다. 이런 부모님은 아이를 제대로 돌보고 있지 않은 경우가 대부분입니다. 그래서 칭찬도 꾸중도 할 수가 없는 거지요. 아이는 관심에 목말라 부모가 봐 주길 바라는 마음으로 애쓰고 있을지도 모릅니다. 하지만 그 동기는 아이의 마음속에서 진심으로 우러나온 동기가 아니기 때문에 오래 지속되지는 않습니다.

아이의 마음이 플러스가 되게 하는 부모는 제대로 칭찬하고 마음을 움직이게 하는 부모입니다. 바꾸어 말하면 가슴 설레는 미래를 그리게 도와주는 부모입니다.

"태윤이는 도형 개념만 정확히 정리하면 다음 경시대회에서 우승할 수도 있겠다!"

"말도 안 돼."

아이가 이렇게 말한다면 부드럽게 말해 주세요.

"너라면 할 수 있어. 난 믿고 있단다."

💬 **아이의 자신감을 꺾는 말**
- -

- 다른 걸 잘해 봤자, 그걸 못하면 소용없잖아.
- 그것만 해냈으면 더 좋았을 텐데.

💬 **아이의 자신감을 키우는 말**
- -

- 이 부분, 이 부분도 무척 좋았어.
- 이만큼이나 성장한 걸 보면 미래의 챔피언으로 손색이 없네!

💬 **이렇게 해 볼까요?**
- -

- 자신 없는 부분을 자꾸 말하는 것은 도움이 되지 않는다.
- 잘하는 분야에 주목해서 칭찬한다.
- 가슴이 뛸 만한 미래를 상상해 보게 하여 아이의 흥미를 불러 일으킨다.

남의 시선 때문에
소극적으로
행동해요

> **아이의 자신감을 꺾는 말**
> 그 아이는 대단하네.
> 그에 비하면 너는….

> **아이의 자신감을 키우는 말**
> 넌 어제보다, 지난달보다
> 더 성장했구나.

연우는 영어 동아리에서 활동하고 있습니다. 얼마 전 지역 행사에서 영어 연설을 해 달라는 제안을 받았는데 수락하지 못했습니다. 주목을 받는 일은 되도록 피하고 싶었기 때문입니다.

애정을 쏟아 마음을 키워 내자

다른 사람이 자신을 어떻게 보는지에 신경을 쓰는 아이는 많습니다. **타인에게 좋은 평가를 받지 못하면 자신의 존재 가치가 없다고 믿어 버립니다.** 자신이 변변치 못해서 부모에게 사랑받지 못한다고 생각하기도 합니다. 이런 아이는 어설픈 모습을 보이고 싶지 않다는 생각이 강하므로 실패할 수도 있겠다 싶은 일은 처음부터 도전하지 않게 됩니다.

부모에게 자주 지적을 받거나 다른 사람과 비교되는 일이 많으면 이렇게 되기 쉽습니다. 혹시 마음에 걸리는 일은 없으신가요? 예를 들면 "네 친구는 영어 시험에서 100점을 받았다는데 너도 좀 배워", "네 친구는 지역 대회에도 출전했는데 넌 못나갔네" 같은 이야기 말입니다.

분명 부모님들도 어린 시절에 자신의 부모님에게 그런 말을 듣고 화가 나 더 열심히 몰두했던 경험이 있었겠지요. 하지만 일시적으로 동기 부여가 될 수는 있어도 자발적 행동이 아니기 때문에 오래 지속되지 않습니다(이것을 '외적 동기'라고 합니다). 그럼 또 부모는 아이를 어르고 달래 억지로 계속하게 하는 일이 반복되고 결국은 부모와 아이 모두 지쳐 버립니다.

다른 사람과 비교하는 것은 부모와 자녀 모두에게 아무런 도움도 되지 않습니다. 부모는 화가 나고, 아이는 반발하게 되어 결국 자주성도 키우지 못합니다. 그리고 자신의 진정한 발전이 아니라 다른 사람이나 부모의 평가에만 집착하게 됩니다. **굳이 비교하려거든 아이의 어제와 오늘을 비교하여 성장한 점이나 노력을 칭찬해 주세요.**

제가 부모님이나 아이들을 만날 때 항상 염두에 두는 점이 있습니다. 아이의 현재 성적이 어떠한지는 거의 상관이 없다는 것입니다. 아이가 성장해 나갈 토대를 얼마나 만들 수 있는지가 중요하지요. 탄탄한 토대를 만들기만 하면 다음은 서절로 쭉쭉 뻗어 나갈 것입니다.

먼저 충분히 애정을 쏟아 아이의 마음을 가꾸고 토대를 만들어 둡시다. 아이는 부모에게 더 많은 관심과 사랑, 인정을 바랍니다. 그 마음을 충분히 만족시켜 주어야 합니다. 그래야 아이는 스스로 안정되어 자신감이 생기고 타인의 평가에 휘둘리지 않게 됩니다.

💬 아이의 자신감을 꺾는 말

- 그 아이는 대단하네. 그에 비하면 너는….
- 왜 그 아이처럼 잘하지 못 하는 거니.

💬 아이의 자신감을 키우는 말

- 넌 어제보다, 지난달보다 더 성장했구나.
- 넌 지금 이대로 좋아.

💬 이렇게 해 볼까요?

- 다른 아이와 비교하지 않는다.
- 아이의 속상한 마음을 알아준다.
- 항상 관심을 가지고 있음을 말과 행동으로 표현한다.

20

다른 사람의
지적에
점점 더 위축돼요

아이의 자신감을 꺾는 말
언제까지 그렇게 소심하게 굴 거야?

아이의 자신감을 키우는 말
언제나 주위 사람에게 친절하구나.

서인이는 얼마 전 선생님에게 "넌 발전이 없구나"라는 말을 듣고 아직도 속상해합니다. 그런 말은 빨리 잊고 다시 기운 내서 노력하면 좋겠어요.

부정적인 자기 인식을 바꾸어 주세요

서인이는 자신이 별 볼 일 없는 사람이라고 굳게 믿고 있습니다. 서인이처럼 자신에게 딱지를 붙이고 거기서 빠져나오지 못하는 사람이 적지 않습니다. 하지만 정말 그렇게 믿어도 될까요? 심리학에서는 자기를 분석하는 방법으로 '신경 논리적 수준'을 사용합니다. 로버트 딜츠에 의해 계통화된 자기분석 방법으로, 인간의 의식을 자기 인식, 신념, 능력, 행동, 결과 등 다섯 단계로 나누어 분석하지요. 이 다섯 개의 단계는 서로 영향을 주고받으므로 한 단계가 달라지면 다른 단계도 변화합니다.

● 신경 논리적 수준

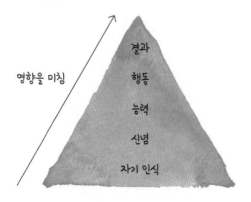

서인이의 경우 "넌 발전이 없구나"라는 선생님의 말씀을 듣고 '난 별 볼 일 없는 사람'이라는 부정적인 자기 인식을 만들게 되었습니다. 이 인식을 바꾸면 행동이 바뀌고 결과도 달라집니다.

신기하게도 사람들은 한쪽 측면만 보려는 습관을 가지고 있습니다. **'나는 쓸모없는 사람'이라고 한번 생각하게 되면, 안 좋은 면만 계속 찾아 그 인식을 강화한다는 말이지요.** 물론 모든 사람에게는 부족한 부분이 있습니다. 하지만 한발 떨어져 다른 각도에서 보거나 시간이 흐른 뒤에 생각하면 분명히 좋은 점도 있지요. 그것을 보여 주어 **아이가 가진 부정적인 자기 인식이 잘못된 믿음이었다는 사실을 깨닫게 해야 합니다.**

이때 무엇보다 중요한 점은 가장 가까이 있는 부모님이 진심으로 아이를 믿고 아이의 편이 되어 주어야 한다는 것입니다. 부모님까지 '넌 정말 안되겠구나'라고 생각해 버리면 아이는 점점 더 의기소침해집니다.

부정적인 자기 인식을 깨고 난 후에는 아이에게 긍정적인 말을 해 주어야 합니다. "서인이는 참 훌륭하구나. 항상 동생에게 친절하게 대해 주네", "여름방학 동안 매일 열심히 일기를 썼구나" 이렇게 구체적으로 아이의 성격이나 내면을 칭찬해 주면 자신감을 회복할 수 있습니다.

💬 아이의 자신감을 꺾는 말

- 언제까지 그렇게 소심하게 굴 거야?
- 이제 옛날 일은 좀 잊어 버려.

💬 아이의 자신감을 키우는 말

- 언제나 주위 사람에게 친절하구나.
- 너의 나쁜 점만 보지 말고 좋은 점은 어떤 것이 있는지 생각해 보자.

💬 이렇게 해 볼까요?

- 부정적인 자기 인식은 혼자만의 비합리적 믿음이라는 사실을 깨닫게 한다.
- 아이의 성격이나 내면을 구체적으로 칭찬한다.
- 어떤 상황이라도 아이의 편이 되어 주겠다는 마음을 말과 행동으로 보여 준다.

21

스스로 능력이 없다고 생각하여 위축되어 있어요

아이의 자신감을 꺾는 말
그렇게 우물쭈물하고 있으니 답답하다.

아이의 자신감을 키우는 말
네가 잘하는 것도 있잖아.

유이는 자신감이 부족하여 항상 우물쭈물합니다. 부모님은 유이의 그런 모습이 너무 답답하고 걱정됩니다. 하지만 재촉하거나 다그치면 울어 버리기 때문에 어떻게 대해야 할지 난감해합니다.

도전하는 즐거움을 알게 하세요

유이는 자신은 잘하는 일이 없다고 말하는데, 그 말은 사실일까요?

"지금까지 네가 잘 해냈던 일은 뭐가 있을까?" 하고 물어봅시다. 정말 아무것도 없을 리는 없으니까요.

"글쎄요, 아무것도 없어요"라고 답할지도 모릅니다. 그럴 때는 "그런데 전에 보니 방을 깨끗하게 정리했더구나", "청소를 함께 도와줘서 고마워" 이런 식으로 **사소한 일이라도 좋으니 아이가 해낸 일을 예로 들며 칭찬을 해 줍니다.**

너는 잘하고 있다는 칭찬의 말이나 도와주어 고맙다는 감사의 말을 들으면 자기 스스로 누군가에게 도움이 되는 존재라고 생각하게 되므로 자신감이 생깁니다. 이런 작은 자신감을 차근차근 쌓아 가는 것도 한 가지 방법입니다.

또 목표를 정하도록 독려하면 효과적입니다. 조금 과장스럽게 칭찬하면서 정말 하고 싶은 일은 어떤 것인지 슬쩍 물어봅니다.

제가 코칭했던 어느 축구팀에 어려움을 겪는 아이가 있었습니다. 덩치가 크고 신체 능력도 무척 좋아 보였는데 의욕이 전혀 없었습니다. 제가 운영하던 코칭 수업에도 싫은 티를 내며 억지로 참석하는 것이 뻔히 보일 정도였지요.

어느 날 저는 팀을 그룹으로 나누어 게임을 하자고 제안했습니다. 다들 즐거워하며 신나게 참여하고 있을 때 "너 열심히 참여하는구나. 잘하고 있어" 하고 조금 과장하여 칭찬해 주었습니다.

다음에 만났을 때 그 아이에게 목표를 물어보았더니 "주전 선수가 되고 싶어요"라고 답했습니다.

"주전 선수? 목표를 좀 더 높이 잡아도 좋을 것 같은데?"

"그럼 다섯 골 넣기로 할까요?"

"좋은데? 다섯 골 넣는 걸 목표로 하자. 날짜는 언제까지로 정하면 신나게 할 수 있을까?"

그때부터는 만날 때마다 "선생님, 저번에 골 넣었어요", "선생님 또 넣었어요. 이제 세 골 남았어요" 하고 신이 나서 말했습니다. 그렇게나 의욕 없던 아이가 진지하게 축구에 몰두하게 되었지요.

이렇게 목표를 세우고 도전하는 것이 즐겁다는 사실을 알게 되면 아이는 의욕적으로 움직이게 됩니다.

💬 아이의 자신감을 꺾는 말

- 그렇게 우물쭈물하고 있으니 답답하다.
- 좀 더 자신감을 가져 봐.

💬 아이의 자신감을 키우는 말

- 네가 잘하는 것도 있잖아.
- 너의 목표는 뭐니? 응원해 줄게.

💬 이렇게 해 볼까요?

- 일상의 사소한 일이라도 잘 해낸 일을 놓치지 말고 칭찬한다.
- 목표를 정하도록 독려하고 조금이라도 달성하면 넘치게 칭찬한다.
- 항상 응원하고 있음을 말과 행동으로 보여 준다.

22

다른 사람의
기대를 받으면
실수를 해요

아이의 자신감을 꺾는 말

이런, 진 거야? 기대했는데.

아이의 자신감을 키우는 말

나는 항상 네가 해낼 거라고 생각한단다.

한결이는 선생님에게서 "너에게 기대가 크다"라는 말을 들으면 그 부담 때문에 오히려 긴장해서 능력을 발휘하지 못합니다. 기대에 미치지 못하는 자신이 한심해서 시험이 다가오면 우울해집니다.

기대가 아닌 믿음이 중요하다

부담은 누구나 느낍니다. 저는 자신감이 없는 운동선수에게는 "정말 이루고 싶은 꿈은 다른 사람한테 말하지 않는 거야"라고 조언합니다. 실제로 말해 버리면 무거운 부담을 느끼는 사람도 있기 때문입니다. 게다가 남들이 볼 때 현재 상황과 꿈의 간극이 클 때는 비웃거나 믿지 않기도 합니다.

"그게 잘될 리가 없잖아" 같은 말을 계속 들으면 아이는 어느새 "난 안될 거야"라는 생각을 굳히게 됩니다. 조금만 일이 잘 안 풀려도 "역시 난 안될 줄 알았어"라며 금세 포기하게 되지요.

사실 저에게도 비슷한 경험이 있습니다. 앞에서도 말했지만 저는 야구선수였습니다. 초등학교 6학년 때 큰 대회에서 갑자기 선발 선수로 지명되었습니다. 실력 있는 다른 투수가 서너 명 있었기에 제가 선발로 나간다는 데 깜짝 놀랐지요. 아무 준비도 되어 있지 않아 결과는 엉망이었습니다. 돌아가는 버스에서 코치가 "너한테 기대했었는데"라고 말했습니다. 기쁘기도 했지만, 그 말이 가슴에 깊이 박혔습니다. 그리고 '기대에 부응

해야만 한다'는 생각에 빠져 버렸지요. 그때부터는 '또 지면 어쩌지' 하는 생각에 불안해지고 투수로 출전하기 싫어졌습니다.

생각해 보면, **누군가에게 기대를 받는다고 꼭 그 기대에 부응할 의무는 없습니다.** 아이가 타인의 기대에 미치지 못해 힘들어할 때는 이렇게 조언하면 좋습니다.

"선생님의 기대에 꼭 맞춰야 하는 것은 아니야."

그리고 부모님은 기대하지 말고 아이를 믿어 주세요.

"기대할게"라는 말에는 '잘할지는 모르겠지만'이라는 전제가 붙어 있습니다. 하지만 **"믿는다"는 말에는 '꼭 해낼 거야. 100% 그렇게 될 거야'라는 마음이 강하게 들어가 있습니다.** 그러므로 "믿는다"라고 말해 주어야 합니다.

어느 부모님은 기대하기가 두렵다고 말하는 분도 있습니다. 하지만 주변 사람들이 믿어 주지 않으면 아이는 시간이 아무리 흘러도 자기 한계의 뚜껑 안에서 빠져나올 수 없답니다.

💬 아이의 자신감을 꺾는 말

- 이런, 진 거야? 기대했는데.
- 기대하고 있으니까 열심히 해!

💬 아이의 자신감을 키우는 말

- 나는 항상 네가 해낼 거라고 생각한단다.
- 다른 사람의 기대에 맞추려고 하지 말고 너를 위해서 하렴.

💬 이렇게 해 볼까요?

- 아이의 꿈을 부정하거나 비웃지 않는다.
- 주위의 기대에 꼭 따를 필요는 없음을 알려 준다.
- 어떤 결과가 나오더라도 '너를 믿는다'고 말해 준다.

23

큰 목표
앞에서
좌절할 것 같아요

아이의 자신감을 꺾는 말
목표를 좀 낮추는 게 어떠니?

아이의 자신감을 키우는 말
지금은 풍부한 경험을 쌓는 시기야.

민채는 탁구에 푹 빠져 있습니다. 올해는 전국 대회에서 우승
하겠다는 원대한 목표를 세웠습니다. 그런데 지역 대회에서 예
상외로 고전하게 되어 전국 대회에는 출전하지 못하게 되었지
요. 그 탓에 자신감을 완전히 잃고 말았습니다.

좌절할 수도 있다는 마음의 준비를 하고 지켜보자

저는 좌절도 인생에서 필요한 경험이라고 생각합니다. 도전했다가 타격을 입는 경험을 일찍 해 보면 다시 일어서는 방법도 배울 수 있습니다.

어른이 되면 수없이 많은 어려움에 부딪히게 됩니다. 때로는 만신창이가 되기도 합니다. 그럴 때 좌절의 경험이 전혀 없다면 자기 마음을 가다듬고 다시 일어나는 방법을 모른 채로 재기 불능 상태가 되어 버릴 수도 있습니다. 실패가 두려워 도전하지 않는 어른이 될지도 모르지요.

부딪혔다 튕겨 나오고 다시 부딪혀 튕겨 나오는 경험을 반복하면서 아이는 인생을 살아가는 힘을 키워 갑니다.

아이가 좌절을 경험한다면 부모님은 '지금은 경험을 쌓는다'고 생각하고 너그럽게 감싸며 지켜봐 주세요. 유명한 어느 테니스선수의 어머니도 기다림은 중요한 것이라고 말씀하셨습니다. 실패할 것 같다고 해서 바로 도움의 손길을 내밀지 말고 아이의 힘을 믿고 기다려 주세요.

때로 그런 각오가 없는 부모가 제게 상담하러 옵니다.

"아이가 너무 압박감에 시달리는데 어떻게 하면 좋을까요?"

그럼 저는 이렇게 대답하지요.

"그런 경험도 필요하다고 생각합니다."

이 말을 듣고 부모님은 이렇게 말합니다.

"이제 슬슬 좋은 결과가 나왔으면 좋겠는데 계속해서 실패하니까 너무 안타까워요."

부모님의 마음도 충분히 이해합니다. 하지만 부모님의 관심이 너무 커서 아이보다 더 열을 올리면 아이에게는 더 큰 부담이 될 수밖에 없습니다. 그러므로 부모님이 너그러운 태도를 보여 주셔야 합니다.

요즘 놀이터에 가 보면 조금이라도 위험하다 싶은 놀이 기구는 모두 철거되고 없습니다. 정글짐은 거의 안 보이게 되었지요. 이처럼 아이들을 지나치게 지키려고 하면 아이들은 어디까지가 안전하고 어디부터가 위험한지 알기 어렵습니다.

어느 정도 실패를 경험해도 좋습니다. 아이는 실패에서 교훈을 얻으며 자기만의 방법을 찾아 나갑니다. **실패할 기회를 빼앗는 것은 성장에 필요한 경험을 빼앗는 것과 같습니다.**

💬 아이의 자신감을 꺾는 말

- 목표를 좀 낮추는 게 어떠니?
- 처음부터 너한테는 너무 어려웠던 거 아닐까.

💬 아이의 자신감을 키우는 말

- 지금은 풍부한 경험을 쌓는 시기야.
- 한 번 실패한 다음이 더 중요한 거야.

💬 이렇게 해 볼까요?

- 좌절도 좋은 경험이라고 생각하며 지켜봐 준다.
- 부모가 너그러운 태도를 보이며 아이를 안심시켜 준다.
- 아이를 과보호하지 않고 너그러운 태도를 지닌다.

24

라이벌의
실력 향상에
초조해해요

아이의 자신감을 꺾는 말
그 애한테 지면 창피하잖니.

아이의 자신감을 키우는 말
스스로 후회하지 않을 결과를 내 보자.

하영이의 라이벌은 한창 상승세를 타고 있습니다. 지금까지는 하영이가 이긴 적이 많았는데, 이번엔 질 것 같다는 생각이 들어 애가 탑니다.

좋은 라이벌은 자신을 발전하게 하는 존재

라이벌의 컨디션이나 기세는 중요한 요소일까요? 저는 지금까지 여러 선수들과 아이들을 지켜봤습니다. 많은 경우, 라이벌을 너무 의식하면 자기 자신을 잃어버립니다. 중요한 것은 공부든 운동이든 **꼭 필요한 시점에 자신의 최고의 기량을 발휘할 수 있는가**입니다. 라이벌의 기세가 좋든 나쁘든 상관없이 자기가 생각한 만큼 재능과 능력을 펼친다면 스스로 만족하겠지요.

일류 선수는 라이벌이 최고의 역량을 발휘하기를 바랍니다. 프로 골퍼 타이거 우즈는 상대의 퍼트가 들어가면 자신이 지는 상황에서도 그 공이 들어가기를 빌었다고 합니다. 그래야 자신의 동기도 높아질 테니까요. 자신이 일류라면 라이벌도 당연히 일류여야 한다고 생각했던 것입니다.

타이거 우즈가 떠올리는 이미지에는 세계 최고의 경기를 펼치는 자신의 모습이 밝게 빛나고 있겠지요. 스스로 확고한 자신감이 있기에 라이벌에게도 최고의 경기를 펼치기를 바라게 됩니다.

타이거 우즈는 최고의 상대와 겨룰 때 자신도 더욱 발전한다는 사실을 알고 있습니다. 높은 수준에서 승부를 겨룰 사람이 많을수록 자신의 가치도 높아진다고 생각하고 있지요.

이런 면이 그가 평범한 선수와 크게 다른 점입니다. 세계 정상에 걸맞은 강인한 정신력을 지니고 있기에 그 영예를 손에 넣을 수 있었습니다. 스캔들이나 허리 부상 등으로 슬럼프도 겪었지만, 이내 다시 회복세를 보였습니다. 이 부활의 드라마 역시 그가 얻은 훌륭한 결과에 어울리는 정신력이 있기에 가능한 이야기입니다.

높은 수준에서 실력을 갈고닦는 것이 큰 재산이 된다는 사실을 아이에게 알려 주세요. 라이벌에게 질 것 같아 걱정한다면 "라이벌의 성장은 곧 너의 성장이기도 해"라고 말해 주세요. 자신이 지금 해야 할 일에 집중하도록 격려해 주어야 합니다.

"너의 힘을 충분히 발휘한다면 그걸로 충분하단다."

💬 아이의 자신감을 꺾는 말

- 그 애한테 지면 창피하잖니.
- 그 애 컨디션이 나쁘면 좋겠는데 말이야.

💬 아이의 자신감을 키우는 말

- 스스로 후회하지 않을 결과를 내 보자.
- 함께 더 발전할 수 있겠다!

💬 이렇게 해 볼까요?

- 일류는 일류 라이벌과 경쟁한다는 사실을 알게 한다.
- 라이벌은 자신의 능력을 향상하게 하는 동료라는 사실을 알려 준다.
- 수준 높은 사람들 속에 있을 때 자신도 더욱 발전할 수 있음을 깨우쳐 준다.

감사 일기를 쓰면
동기 부여가 된다

저는 운동선수들이 좋은 성과를 내지 못해 괴로워할 때, "지금은 어려운 상황이지만 뭐든 좋으니 사소한 일이라도 감사할 만한 일에 무엇이 있을까요?" 하고 물어봅니다. 너무 당연해서 감사할 생각조차 못 하는 일이 많기 때문이지요.

그리고 "감사한 일을 하루에 하나씩 써 주세요"라고 말하고 작은 노트를 줍니다. 감사 일기를 쓰면서 기분이 좋아지도록 좋은 노트를 골라 주지요. 어떤 노트라도 상관없지만, 애착을 가질 만한 물건을 옆에 두는 것이 중요합니다.

같은 일을 쓰면 안 된다는 규칙이 있기 때문에 한 달 정도 지나면 쓸거리가 없어집니다. 그러면 감사의 기준을 낮추게 되고, 지금까지 당연하게 여기던 사소한 일도 감사의 마음으로 바라보게 됩니다.

"오늘은 날씨가 좋네."

"점심으로 먹었던 덮밥이 맛있었어."

이렇게 하루하루 질문을 계속하면 항상 감사하는 마음을 가지게 되고 동기가 높아져 좋은 성과를 얻게 되겠지요. 감사 일기를 부모와 자녀가 함께 쓰면서 자기 전에 서로 읽어 주는 분들도 있습니다. 여러분도 자녀와 함께 시작해 보면 어떨까요?

마음이 단단한 아이로 자라게 하는 43가지 대화 습관

Chapter 3

아이의 용기를 키우는 법

25

마음에 들지 않으면
곧바로
그만두겠다고 해요

아이에게 부담을 주는 말
포기하지 말고 끝까지 해!

아이의 용기를 키우는 말
그만두고 싶은 이유를 말해 줄래?

하람이는 테니스부에 가입했습니다. 하지만 경기에 지거나 선생님께 지적받게 되면 바로 "동아리 활동은 이제 그만두고 싶어요"라고 말하며 포기하려 합니다.

정말로 싫으면 그만둬도 좋습니다

그만두고 싶으면 그만둬도 괜찮습니다. 계속하는 것 자체에 의미가 있다고 생각할 수도 있지만, 본인이 싫어하거나 흥미가 없다면 억지로 계속할 필요는 없습니다.

다만, 왜 그만두고 싶은지 그 이유를 제대로 들어 봐야 합니다. 이때 부모님은 아이의 이야기에 공감하며 들어 주는 것이 중요합니다. "도중에 포기하면 안 돼"와 같은 말을 하며 비판적인 태도로 대하면 아이는 하고 싶은 말을 충분히 할 수가 없습니다. 충분히 대화를 나누고 나면 서로 깔끔하게 정리가 되며 이유에 따라서는 조금 더 노력해 보자는 결론이 나올 수도 있습니다.

예를 들어 볼까요?

"사실 테니스는 좋은데 지는 것이 두려워서요."

아이가 이런 마음이라면 "쉽게 이기지 못할 때일수록 눈에 보이지 않는 발전이 있는 거야" 하고 조언해 주세요. 그러면 "그럴 수도 있겠네요. 조금 더 노력해 볼게요"라며 생각을 고치기도 합니다. "재미가 없으니까"라고 답한다면 왜 재미가 없는지 물어보세요.

"항상 지기만 하니까요."

"만약 이긴다면 어떨까?"

"신날 것 같아요."

"그럼 이기려면 어떻게 하면 좋을지 생각해 볼까?"

이렇게 아이에게 질문을 이어 가며 그만두고 싶은 이유를 자세히 들여다보면 다른 대책을 발견할 수도 있습니다.

사실 정상에 오른 선수는 **좋은 성과가 나기 때문에 즐거운 것이 아니라 발전하는 자신의 모습을 즐기는 것입니다.** 그러므로 그 방향으로 관심을 두게 해야 합니다.

"넌 예전에는 더블 폴트(두 번 연속 이어지는 서브 실패)가 많았는데 지금은 서브가 무척 좋아졌잖아. 이렇게 실력이 쌓이면 점점 더 즐겁고 보람 있을 거야."

결과를 평가하기보다는 어제보다 오늘 더 발전했다는 사실을 알려 주면 좋겠습니다. **그렇게 해도 그만두고 싶어 한다면 그 의사를 존중해야 합니다.** 본인이 좋아하는 일, 푹 빠질 만한 일을 해야 더 큰 결실을 얻을 수 있습니다. "네가 즐겁다고 생각하는 일을 해 봐" 하며 새로운 도전을 격려해 주세요.

💬 아이에게 부담을 주는 말

- 포기하지 말고 끝까지 해!
- 중간에 그만두다니 의지가 약하네.

💬 아이의 용기를 키우는 말

- 그만두고 싶은 이유를 말해 줄래?
- 하고 싶은 다른 일을 찾아볼까?

💬 이렇게 해 볼까요?

- 원치 않는 일을 억지로 계속하게 하지 않는다.
- 왜 그만두고 싶은지 이유를 분명하게 알게 한다.
- 스스로 하고 싶은 일을 하도록 도와준다.

26

평소에는 잘하는데 실전에서는 자꾸 실수해요

아이에게 부담을 주는 말
또 실수하지 않게 열심히 준비해.

아이의 용기를 키우는 말
다른 사람이 아니라 자신에게 집중해 봐.

현서는 피아노를 배웁니다. 연습할 때는 악보도 보지 않고 무척 훌륭하게 연주합니다. 하지만 발표회 무대에만 서면 연주가 흔들려서 속상한 마음에 울기도 합니다.

내면에 집중하게 해 주세요

아이를 키우다 보면 현서와 같은 상황은 흔히 있습니다. '잘 해내야지'라는 마음이 너무 강하기 때문이겠지요. 현서에게 제가 물어보았습니다.

"발표회 때 무슨 생각했니?"

"모든 관객에게 좋은 인상을 남기고 싶었어요. 연주가 끝나면 큰 박수를 받으면 좋겠다는 생각도 했고요."

현서의 마음은 피아노를 잘 치는 것보다 청중에게 인정받고 칭찬받고 싶다는 생각으로 가득했습니다. 타인에게 주는 인상에 지나치게 신경 쓰는 것이지요.

중요한 연주회라고 생각할수록 평상심을 유지하기는 매우 어렵습니다. 그러니 그런 점까지 먼저 예상하여 할 수 있는 한 준비를 충분히 해 두어야 합니다.

우선 연주회나 대회 같은 실전에서 가장 중요하게 생각해야 할 점이 무엇인지 미리 아이와 함께 이야기해 봅시다. 두세 가지가 나오겠지만 세 가지 정도로 정리하여 종이에 씁니다. 이번 사례라면 '차분하게 치기', '즐겁게 연주하기', '정성을 다해 연주하기' 등이 되겠지요. 청중이 아닌, 피아노 연주에 집중하게 해야 합니다.

"이 종이를 연주회에 가지고 가서 연주 직전까지 보면서 마음을 다잡아 보자."

체크리스트를 미리 작성하는 작업을 통해 실전에 임하기 전에 중요한 사항들을 떠올리는 절차를 만듭니다.

운동선수들도 중요한 대회를 앞두면 다들 긴장합니다. 저는 그 선수들과 대회 전에 SNS로 메시지를 주고받는데, 타이밍을 고려하여 경기 직전에는 짧은 문장으로 보냅니다. 예를 들어 "지금, 감사할 일은 뭔가요?" 같은 식이지요. 무엇보다 선수들의 이야기를 듣는 데 최선을 다합니다. '감정을 고조시키는' 것이 아니라 '감정을 끌어내는' 느낌이지요.

감사라는 말로 생각을 전환하게 해 주세요. '감사'는 감정의 수준을 올려 줍니다. 그러면 부정적 생각의 악순환에서 빠져나와 금방 긍정적인 마음으로 옮겨 갈 수 있습니다. 부모님도 아이와 함께 한번 시도해 보세요.

💬 아이에게 부담을 주는 말

- 또 실수하지 않게 열심히 준비해.
- 왜 이렇게 실전에 약하니?

💬 아이의 용기를 키우는 말

- 다른 사람이 아니라 자신에게 집중해 봐.
- 무대에 설 때 기억하도록 중요 사항을 종이에 써 두자.

💬 이렇게 해 볼까요?

- 긴장하는 것이 당연하다며 미리 아이를 다독인다.
- 실전에서 실력을 발휘하도록 미리 계획을 짜고 충분히 준비하게 한다.
- 무대에 오르기 직전에 '감사'나 '행복' 같은 키워드를 넣은 짧은 메시지를 보낸다.

27

경쟁에서 지면 지나치게 화를 내요

아이에게 부담을 주는 말

졌다고 해서 태도가 그게 뭐니?

아이의 용기를 키우는 말

그 태도가 일등에게 어울릴까?

도훈이는 시험이나 대회에서 다른 친구와의 경쟁에서 지면 기분이 나빠져 말도 붙일 수가 없습니다. 물건에 화풀이할 때도 있어 꾸짖으면 점점 더 거칠어집니다.

일등에게 어울리는 행동을 지니게 하자

프로 선수들도 지면 화를 내거나 여기저기 화풀이를 하는 일이 흔히 있습니다. 상대에게 진 선수가 벽을 차거나 테니스 선수가 라켓을 내리쳐 망가뜨리는 장면이 TV에서 가끔 보입니다. 프로 야구선수도 뒤에서 배트를 쾅쾅 내리친다는 이야기도 간혹 들리지요. 물론, 경기장의 벽이나 비품을 망가뜨리는 것은 잘못된 행동입니다. 이는 아무리 기량이 우수한 선수라도 옳지 않습니다. 결과에 아쉬움을 표출하더라도 적정선을 지켜야 합니다.

"그런 태도가 일등에게 어울릴까?"

운동선수에게는 결과에 어울릴 만한 정신력을 갖추는 일이 무엇보다 중요합니다. 한창 배우고 성장하는 아이들의 경우도 마찬가지입니다. 성적이 오르다가 떨어지기도 하는 상황에서, 좀 뒤처졌다고 기분대로 한다면 다음에 더 좋은 결과를 불러올 수 없습니다.

정상이 되고 싶다면 거기에 걸맞은 사람이 되어야 합니다. 그러면 저절로 좋은 성과는 따라오게 되지요. 그렇게 이끌어 주는 것이 멘탈 코치인 저의 역할입니다. 그런데 대부분 사람은 착각합니다. 자신의 분야에서 최고가 되면 그에 맞추어 행동하게 되고 강한 정신력도 저절로 손에 넣게 된다고 생각하지요. 하지만 사실은 그 반대입니다. **정상에 걸맞은 정신력을 먼저 갖추어야, 그에 따라 훌륭한 성과가 나옵니다.**

그러므로 아이가 화를 낼 때 이렇게 물어보세요.

"지금 그 태도와 행동은 일등에게 어울릴까?"

그 이상은 아무 말도 하지 말고 아이가 깨닫기를 기다려야 합니다. 부모가 먼저 "어울리지 않지?"라고 말해 버리면 "그 정도는 안다고요"라며 아이는 반발할 것입니다.

아이가 스스로 돌아보고 깨달을 때까지 몇 번이고 물어보세요. 그 물음을 아이가 스스로 자연스럽게 하게 된다면 주체성도 싹트기 시작합니다.

💬 아이에게 부담을 주는 말

- 졌다고 해서 태도가 그게 뭐니?
- 엉뚱한 데 화풀이하지 말고 반성해!

💬 아이의 용기를 키우는 말

- 그 태도가 일등에게 어울릴까?
- 정말 좋은 결과에 어울리는 태도였을까?

💬 이렇게 해 볼까요?

- 어느 정도의 불만스러운 태도는 너그러이 받아 준다.
- 아이를 탓하거나 혼내지 않는다.
- 자신의 행동이 챔피언에게 어울리지 않음을 깨닫게 해준다.

28

다른 사람의 말을 무시하거나 말대꾸해요

아이에게 부담을 주는 말
언제까지 게임만 할 거니? 적당히 좀 해!

아이의 용기를 키우는 말
해야 할 일을 계속 미루면 어떻게 될까?

하진이는 시험이 코앞인데 게임만 합니다. 그만하라고 야단이라도 치면 "또 잔소리하지 마시고 그냥 좀 놔두세요"라며 말대꾸를 해서 결국 부모와 자녀가 싸우게 됩니다.

최악의 미래를 상상하게 하자

아이들은 부모의 지적을 듣기 싫어합니다. 특히 이 사례와 같은 경우는 자신도 그만해야겠다고 속으로 생각하고 있기 때문에 막상 잔소리를 들으면 오히려 반발하고 싶어집니다. "이제 게임은 그만해", "공부해라"가 아니라 이렇게 물어보면 어떨까요?

"이대로 계속 공부를 안 하면 어떻게 될 거라 생각하니?"

좀 더 나아가 지금 행동을 개선하지 않으면 맞이하게 될 '최악의 미래'를 상상하게 합니다.

"이대로 계속 공부를 안 해서 전체 꼴찌가 되면 기분이 어떨 것 같아?"

그 이상은 아무 말도 하지 않습니다. 아이가 자발적으로 생각하고 움직이기를 기다립니다.

부모가 아이를 통제하고 싶어 하는 것은 당연합니다. 하지만 **아이는 부모와 별개의 인격이므로 부모가 원하는 대로 되지는 않습니다.** 되도록 아이에게서 한 발 떨어져 지켜보는 태도를 유지해 주세요.

저도 코칭을 할 때 선수들에게 최악의 미래를 그려 보라고 할 때가 있습니다. 꾸준하고 착실히 반복해야 하는 기초 연습을 싫어하는 사람에게는 이렇게 물어봅니다.

"이 상태로 기초 연습을 하지 않으면 1년 후에는 어떤 모습이 될 거라 생각하나요?"

"이대로라면 큰일이겠죠…"라고 선수는 답하겠지요.

"상상하기는 싫겠지만 이 상태가 계속되면 3년 후에는 어떻게 될 거라고 생각하나요?"

인간의 행동 원리에 '쾌락 원리'라는 것이 있습니다. 인간은 본능적으로 통증을 피하기 위해 또는 쾌락을 얻기 위해 행동한다는 뜻입니다.

기초 연습을 미루는 이유는 그들에게 '연습하지 않는 것'이 쾌락이기 때문입니다. 하지만 최악의 미래를 상상하면 '연습하지 않는 것'은 통증으로 바뀝니다. 그러면 통증을 피하기 위해 연습을 하고 싶어지겠지요.

이때 핵심은 반드시 '질문형'으로 말해야 한다는 것입니다. 부모님에 따라서는 '~해' 하고 지시하듯 말하는 분도 많은데, 앞에서 말했듯이 이런한 명령형 말투는 반발을 불러일으키기 쉽습니다.

💬 아이에게 부담을 주는 말

- 언제까지 게임만 할 거니? 적당히 좀 해!
- 공부는 대체 언제 할 거야?

💬 아이의 용기를 키우는 말

- 해야 할 일을 계속 미루면 어떻게 될까?
- 학년 전체에서 꼴찌가 된다면 기분이 어떨 것 같아?

💬 이렇게 해 볼까요?

- 쾌락 또는 통증이 사람의 행동을 유발한다는 점을 활용해서 대화한다.
- 최악의 미래를 상상하게 하여 아이 스스로 깨닫게 한다.
- 아이를 통제하려고 하지 말고 자발적으로 행동하기를 기다려 준다.

29

결과에 대해
항상
핑계를 대요

아이에게 부담을 주는 말
맨날 변명만 하는구나.

아이의 용기를 키우는 말
너는 할 수 있어.

민아는 중요한 시험 전에 꼭 몸 상태가 좋지 않습니다. 긴장해서인지 복통이 오곤 하지요. 그 때문에 결과가 좋지 않았다고 변명하는데 매번 그런 일을 반복합니다.

자기효능감을 높여 주세요

시험 기간이면 왠지 방을 정리하고 싶고 만화책이 보고 싶어지는 경험을 다들 해 보셨겠지요. 또 결과가 나오기 전에 "이번에는 공부를 별로 안 했으니 성적이 나쁠 거야"라며 미리 핑곗거리를 생각하는 아이도 있습니다.

이런 행위를 심리학에서는 '셀프핸디캐핑(self-handicapping)' 또는 '자기 불구화'라고 합니다. 이것은 실패했을 때 자존심이 상처받지 않도록 예방하는 행위입니다. 시험 기간에 몸 상태가 나빠지는 것도 같은 심리입니다. 무의식적으로 그렇게 대처하게 되지요. 몸이 안 좋았기 때문에, 어쩌다 만화책을 보게 되었기 때문에 결과가 나쁜 것이지 나의 능력이 부족한 게 아니다, 이런 생각으로 자존심을 지킵니다.

자존심은 다른 사람에게 좋은 평가를 받아 생긴 만족감입니다. 그러므로 자존심이 센 사람일수록 자신에 대한 평가가 나빠지는 것이 두려워 극단적으로 실패를 두려워합니다. 그래서 실패를 하더라도 최소한의 상처만 입고 지나가도록 셀프핸디캐핑을 하게 됩니다.

아이가 어떤 일을 시작하기도 전부터 변명을 하거나 시험을 앞두고 몸이 안 좋아지는 배경에는 이런 심리가 있음을 먼저 이해해야 합니다. 변명을 하고 싶어서 하는 것이 아닙니다. 자신감이 없다는 사실을 숨기기 위해 하는 것이지요.

그 밑바닥에는 낮은 '자기효능감'이 있습니다. 자기효능감은 자아존중감과 비슷한데, 어떤 과제에 대해 자신이라면 할 수 있겠다고 생각하는, 자신에 대한 신뢰감이나 유능감을 의미합니다.

자기효능감이 낮은 아이는 근본적으로 자신을 믿지 않기 때문에 '공부해 봤자 어차피 안 될 거야', '이번에도 실패할 게 뻔해'라며 부정적인 미래를 상상합니다.

그렇기 때문에 의욕이 잘 생기지 않고 생기더라도 행동으로 옮기기가 무척 어렵습니다. 겨우 행동하더라도 소극적인 자세로 임하기 때문에 좋은 결과를 얻기 어렵지요. 그 일로 다시 자기효능감이 저하되는 악순환에 빠지게 됩니다.

반면, **자기효능감이 높은 아이는 '나는 할 수 있을 것 같아', '분명히 잘될 거야!'라고 긍정적으로 생각하기 때문에 어떤 일이든 의욕적으로 도전합니다.** 이것이 좋은 결과를 낳아 성공 경험이 쌓이고 자기효능감이 한층 높아지게 됩니다. 혹시 실패하더라도 실망하지 않고 재도전합니다.

저는 어릴 때부터 부모님이 아이를 대하는 태도가 아이의 자기효능감에 큰 영향을 준다고 생각합니다. 혹시 아이가 시험에서 80점을 받아 왔다면, 어떤 말씀을 해 주시나요?

"우와, 80점이나 나왔어? 잘했네. 열심히 했구나."

"이런, 80점밖에 못 받았니? 좀 더 열심히 해야겠구나."

어느 쪽 이야기가 아이에게 자신감을 줄지는 명확하지 않나요? 언제나 호응을 얻지 못하고 다른 사람과 비교되었던 아이는 자기효능감이 낮아지기 쉽습니다. 혹시 지금껏 부정적으로 아이를 대해 왔다고 생각하신다면 이제부터라도 늦지 않았습니다. 차근차근 아이를 대하는 마음을 바꾸어 가면 됩니다.

자기효능감이라는 개념을 제창한 심리학자 앨버트 반두라는 다음의 네 가지가 자기효능감을 높이는 근원이라고 했습니다.

첫째, 성취 경험

목표를 달성하거나 자기 생각대로 결과를 냈던 경험입니다. 난관을 넘어 최선을 다해 노력해서 달성했을 때일수록 자기효능감은 높아집니다.

둘째, 대리 경험(모델링)

타인이 성공하거나 목표를 달성하는 모습을 관찰하면서 자신도 할 수 있다고 느낍니다. 친구나 연예인, 유명인 등 다양한 모델링 대상 중에서 자신에게 가까운 사람일수록 '저 사람도 할 수 있으니 나도 할 수 있다'라고 생각하게 됩니다.

셋째, 언어적 설득

"넌 할 수 있어." 하고 주위에서 계속 말해 주는 것입니다. 긍정적인 피드백을 받으면서, 부정적으로 생각했던 일도 자신 있게 실행하는 용기를 얻게 됩니다.

넷째, 신체와 정서의 고양

즐거울 때나 긍정적 감정일 때 자기효능감이 높아집니다. 몸과 마음을 단련하고 적절히 관리하면 더 낙관적인 감정으로 끈기 있게 목표를 달성하게 됩니다.

아이의 자기효능감을 높이려면 지적을 멈추고 아이가 성취해 낸 일에 관심을 가지고 칭찬해 주세요. '너는 할 수 있어'라며 격려해 주고, 주위에서 좋은 모델을 찾아 보여 주세요.

💬 아이에게 부담을 주는 말

- 맨날 변명만 하는구나.
- 공부를 철저하게 안 하니까 이런 점수가 나오는 거야.

💬 아이의 용기를 키우는 말

- 너는 할 수 있어.
- 이렇게나 잘 해냈잖아. 정말 대단해!

💬 이렇게 해 볼까요?

- 자존심에 상처를 입고 싶지 않은 아이의 마음을 이해한다.
- 작은 목표라도 달성하면 칭찬한다.
- "너는 할 수 있어"라고 계속 말해 주며 자신에 대한 긍정적 태도를 지니도록 도와준다.

30

큰 대회를 앞두었는데 컨디션이 안 좋아요

아이에게 부담을 주는 말
지금까지 뭐 한 거야?

아이의 용기를 키우는 말
그동안 열심히 연습했으니 괜찮을 거야.

지역 대회가 코앞으로 다가왔습니다. 가윤이는 이 대회에서 우승하고 전국 대회에 출전하겠다는 목표를 세웠습니다. 그런데 열심히 연습하는데도 어느 수준 이상으로는 기량이 나아지지 않아 초조해하고 있습니다.

컨디션으로 결과가 정해지지 않는다!

많은 아이가 가윤이와 비슷한 고민을 호소합니다. 그럴 때 저는 이렇게 말해 줍니다.

"오늘이 대회 일주일 전이지. 가윤이는 지금 네가 최고 실력을 발휘해야 한다고 생각하니?"

그러면 아이들은 대부분 말문이 막힙니다.

대회 당일에 최고의 기량을 발휘하는 것이 더 중요하므로 꼭 지금이 최고 상태일 필요는 없습니다. 하지만 컨디션이 좋아지지 않으면 뭔가 해야겠다는 마음이 들어 초조해지기 마련이지요.

잊지 말아야 할 점은 지금까지 착실히 쌓아 온 것을 얼마나 믿을 수 있는가입니다. 아이가 초조해하기 시작하면 이렇게 격려해 주세요.

"지금까지 충분히 연습해서 실력을 다졌으니 너 자신을 믿고 해 봐."

다음과 같이 아이의 잘못된 믿음을 떨쳐 버리는 방법도 있습니다.

"저는 경기 당일에 몸이 안 좋을 때가 많아요. 어떻게 해야 할까요?"

투수인 아이가 이렇게 물어보면 저는 조금 짓궂게 질문합니다.

"너는 컨디션이 최고가 아니면 상대를 이기지 못하는구나?"

"아니요, 그렇지 않아요."

"그렇지? 그럼, 컨디션이 좋지 않을 때도 상대를 꺾을 수 있는 선수가 되면 어떨까?"

"그게 좋겠네요."

"그럼, 그 방향으로 생각해 보자. 컨디션에 좌우되지 말고 지금 최고의 노력을 다해야 하지 않겠니?"

그러자 아이는 힘껏 고개를 끄덕였습니다.

아이들은 '컨디션이 나쁘면 좋은 결과를 내지 못한다'고 오해하지만, **아무리 컨디션이 나빠도 좋은 결과를 내는 사람도 있습니다.**

중요한 것은 그날의 컨디션이 아니라 현재 가진 능력을 발휘하는 데에 집중하는 강인한 마음입니다. 그러면 좋은 결과는 자연스럽게 따라옵니다.

💬 아이에게 부담을 주는 말

- 지금까지 뭐 한 거야?
- 이제 얼마 안 남았는데 초조해해 봤자 소용없잖아.

💬 아이의 용기를 키우는 말

- 그동안 열심히 연습했으니 괜찮을 거야.
- 지금 할 수 있는 만큼 최선을 다해 봐!

💬 이렇게 해 볼까요?

- 컨디션이 결과에 영향을 주는 요소가 아님을 알려 준다.
- 지금 할 수 있는 일에 집중하게 한다.
- 강인한 마음을 지니며 자기를 믿게 한다.

31

잘하다가도
얼마 못 가
뒤처져요

아이에게 부담을 주는 말
마지막까지 최선을 다해야지!

아이의 용기를 키우는 말
지난번보다 나아진 점은 무엇일까?

지은이는 쪽지 시험에서는 늘 상위권에 들지만 정기 시험에서
는 중위권에 그치고 맙니다. 끝까지 성적을 유지하며 좋은 결
과를 얻으려면 어떻게 해야 할까요?

다시 역전할 수 있다는 용기를 주세요

사람의 뇌는 이미지와 현실을 구별하지 못합니다. 어떤 사람이 레몬을 통째로 씹고 얼굴을 찡그리는 영상을 보면 침이 돌거나 얼굴이 일그러집니다. 직접 먹지 않아도 신맛을 생생하게 느끼기 때문이지요. 이처럼 이미지를 영상으로 받아들이는 순간, 몸도 그렇게 반응해 버립니다. **자신이 떠올린 이미지가 현실을 만든다고도 할 수 있지요.**

지은이처럼 지금은 앞서고 있어도 나중에는 반드시 역전당할 것이라는 생각에 사로잡힌 사람은 실제로 자신이 앞서간다 싶으면 반사적으로 다시 역전당하는 자신의 모습을 떠올리고 맙니다. 그리고 그 이미지가 결국 현실이 되어 버리지요. 자꾸 나쁜 방향으로 이미지를 부풀려 갑니다.

이럴 때는 아이에게 그 이미지를 뒤엎을 만한 질문을 건네 봅시다.

"지난번에 뒤처졌을 때와 이번이 완전히 같은 상황이니?"

그러면 대답하겠지요.

"같은 과목이긴 한데, 시험 범위도 다르고 순위도 달라요."

"그렇구나. 같은 상황은 아니네."

그 이상은 아무 말도 하지 않고 스스로 생각하게 해 봅시다.

또 이런 질문도 효과가 있습니다.

"너는 그때보다 전혀 발전하지 않았니?"

실제로 저는 한 아이에게 그렇게 물어본 적이 있습니다.

"상황이 이전과 완전히 똑같았어?"

"아니요, 다르긴 한데…."

"그렇게 항상 뒤처지고 질 거라고 생각하면 너는 어떤 인생을 살게 될까?"

자신이 부풀려 온 부정적인 생각은 비합리적인 믿음일 뿐이라고 깨닫길 바라기에 아이의 마음이 조금 괴로운 줄 알면서도 저는 작정하고 질문했지요.

스스로 깨닫지 못한다면 본인은 현실이라고 굳게 믿고 있기 때문에 옆에서 아무리 '그건 착각이야'라고 말해 주어도 그 말을 받아들이지 않습니다. 그러므로 사고를 전환하고 시야를 넓힐 수 있도록 **질문하면서 아이가 스스로 깨닫도록 이끌어 주어야 합니다.**

💬 아이에게 부담을 주는 말

- 마지막까지 최선을 다해야지!
- 끈기가 부족한 거야.

💬 아이의 용기를 키우는 말

- 지난번보다 나아진 점은 무엇일까?
- 지난번과 이번이 완벽하게 똑같은 상황일까?

💬 이렇게 해 볼까요?

- 스스로 그리는 이미지가 현실을 만든다는 사실을 알려 준다.
- 아이가 스스로 나쁜 이미지를 부풀리고 있음을 깨닫게 한다.
- 지금은 이전보다 발전했다는 사실을 깨닫고 자신감을 갖게 한다.

32

한 번 실패하자 도전을 멈추고 포기해요

아이에게 부담을 주는 말

겨우 한 번 실패했다고 포기하면 어떡해!

아이의 용기를 키우는 말

실패하지 않는 사람이 있을까?

유빈이는 열심히 준비해서 출전한 영어 말하기 대회에서 아쉽게 떨어졌습니다. 그다음부터는 또 실패할까 두려워 아예 대회에 참가하지 않으려 해요.

누구나 실패할 수 있음을 알려 주세요

실패는 누구든 합니다. 실패하기 때문에 성장할 수 있지요. 실패가 계속된다고 걱정할 필요가 없습니다. 하지만 당사자는 쉽게 받아들이기 어렵겠지요. 유빈이에게는 영어 말하기 대회에 참가하면 또 떨어질 거라는 이미지가 굳어져 버렸습니다. 그럴 때는 이렇게 물어봅시다.

"한 번도 실패해 보지 않은 사람이 있을까?"

"그런 사람은 없겠지요."

"그럼 왜 그렇게 실패를 두려워하니? 누구든 실패할 수 있는데 왜 너는 한 번 실패로 그렇게까지 겁먹은 거야?"

이런 질문에 번뜩 깨달음을 얻어 생각에 잠기는 아이도 있지만, 반박하거나 예상치 못한 반응을 보이는 아이도 있습니다. 원하던 반응은 보이지 않더라도 아이에게 생각할 기회는 주었으니 실망하지 말고 지켜봐 주세요.

제가 지도하는 아이 중에도 그렇게 실망하고 걱정하는 아이가 있었습니다. 어떤 아이는 "즐거운 마음으로 경기를 할 수가 없어요"라며 힘들어했지요. 저는 이렇게 물었습니다.

"성공한 사람은 모두 즐겁지 않은 걸까?"

"네, 다들 힘들 것 같아요."

"정말? 즐겁게 하는 사람은 없는 거야?"

"꼭 그렇진 않겠지요."

"꼭 그렇지 않다면 너는 왜 경기를 즐기는 사람은 없다고 생각하니?"

눈시울을 붉히며 반론하는 아이에게 저는 계속 물었습니다. 결국 아이는 입을 다물어 버렸습니다. 그날 그 아이의 어머니에게서 문자를 받았습니다.

"오늘 저희 아이가 기분이 너무 안 좋아 보이는데 무슨 일 있었나요?"

"따끔한 소리를 많이 했거든요."

하지만 그달 이 아이의 성적은 무척 향상했습니다. 저와 이야기를 나눈 뒤, 아이는 이따금 즐겁게 경기에 임하는 선수들이 눈에 들어오기 시작했고, 자신이 잘못 생각하고 있었음을 깨달았던 것이죠. 지금은 무척 즐거운 마음으로 노력하고 있다며 가끔 연락이 옵니다. 이렇듯 그 순간 바로 깨닫지 못하더라도 부모님이 던진 질문은 아이의 머릿속 어딘가에 남아 진실로 이끌어주는 길잡이가 될 것입니다.

💬 아이에게 부담을 주는 말

- 겨우 한 번 실패했다고 포기하면 어떡해!
- 성공하겠다는 각오가 부족한 거 아니야?

💬 아이의 용기를 키우는 말

- 실패하지 않는 사람이 있을까?
- 그렇게 하면 실패할 거라고 누가 정했니?

💬 이렇게 해 볼까요?

- 질문했을 때, 아이는 부모가 원하는 반응을 보이지 않을 수도 있음을 염두에 둔다.
- 실패할 거라는 이미지에 속고 있을 뿐이라고 알려 주어 용기를 북돋는다.
- 실패를 통해 성장으로 나아갈 수 있음을 알려 준다.

33

일이
잘 풀리지 않으면
남 탓을 해요

아이에게 부담을 주는 말
금세 남 탓을 하는구나.

아이의 용기를 키우는 말
남 탓을 하면 너 자신이 발전할 수 있을까?

시윤이는 시험 점수가 낮으면 선생님의 수업 방식이 형편없기 때문이라고 선생님 탓을 하고, 늦잠으로 지각하면 빨리 깨워 주지 않았다고 부모님 탓을 합니다. 자신의 잘못을 인정하지 않아요.

자신을 먼저 돌아보아야 합니다

실패를 남의 탓으로 돌리면 자존심은 지키겠지만 아무 교훈도 얻지 못하고 자신의 신용도 떨어뜨리게 됩니다. 하지만 자신의 탓이라고 생각하면 겸허한 마음으로 반성하게 되어 성장할 수 있습니다.

쉽게 남을 탓하는 아이에게는 이렇게 물어봅시다.

"시험 점수가 낮다고 선생님 탓을 하면 너에게 이득이 있니?"

아이는 대답을 찾기 어려워하겠지요.

그 이상은 아무 말도 하지 말고 가만히 기다립니다. 아이의 마음에 질문이 쿡 박혔을 것입니다.

자신의 실패를 주위 사람의 탓으로 돌려 봤자 아무 도움도 안 된다는 사실을 스스로 깨달으면 조금씩 바뀌어 가겠지요.

부모님이 아이에게 "툭하면 남의 탓이나 하니" 같은 말로 야단쳐 봤자 아무 효과가 없습니다. 오히려 몰아세울수록 아이는 자신을 지키기 위해 필요 이상으로 남 탓을 하거나 변명하게 됩니다.

도대체 아이는 왜 이런 상태가 되었을까요. 부모가 지나치게 꾸중을 많이 하는 것이 원인이라고 보기도 합니다.

부모가 사사건건 야단을 친다면 아이는 또 혼날까 봐 변명으로 자신을 지키려고 하는 경우가 많습니다. 이 때문에 실패하면 남의 탓으로 돌리고 감정적으로 반응하게 되지요. 부모님은 평소에 지나치게 아이를 혼내지는 않은지, 주로 어떤 일로 혼을 내는지 한번 종이에 적어 보고 자신의 말과 행동을 돌아보세요. 또 부모가 길을 마련해 놓고 그 길로 억지로 달리게 한다면 일이 잘 풀리지 않을 때 아이는 부모 탓을 합니다.

아이의 인생은 아이의 것입니다. **부모의 생각을 강요하면 반드시 어딘가에 삐걱대는 부분이 생깁니다.** 저는 발전하지 못하고 불평만 늘어놓는 아이를 수도 없이 봐 왔습니다. 절대 아이를 억지로 밀어붙이는 부모가 되지 마세요.

💬 **아이에게 부담을 주는 말**
- -

• **금세 남 탓을 하는구나.**

- 잘못한 건 너잖아!

🗨 아이의 용기를 키우는 말

- 남 탓을 하면 너 자신이 발전할 수 있을까?
- 남 탓으로 돌리면 너에게 이득이 있을까?

🗨 이렇게 해 볼까요?

- 평소에 지나치게 아이를 혼내지는 않는지 돌아본다.
- 남 탓을 해 봤자 좋은 점이 없다는 사실을 깨닫게 한다.
- 부모의 생각을 강요하지 않는다.

34

문제를 회피하고 잘못을 발뺌해요

아이에게 부담을 주는 말
잘못했다고 안 할거야?

아이의 용기를 키우는 말
무슨 이유로 그렇게 행동했을까?

어느 날, 담임선생님에게 전화가 왔습니다. "승훈이가 다른 아이를 괴롭힙니다. 집에서는 어떤가요?" 어머니가 놀라서 승훈이에게 이에 대해 묻자 "나는 모르는 일이야" 하며 계속 회피합니다.

스스로 반성하고 깨달을 시간을 주세요

자기 일인데도 모르는 척하고 회피할 때는 문제를 직면하고 스스로 해결하도록 이끌어 주어야 합니다. 우선 사실관계를 확인해야겠지요.

"정말 너와 상관없는 일이니?"

"네, 상관없어요."

버티며 인정하지 않으면 조금 더 자세히 물어봅니다.

"그럼, 왜 담임선생님이 전화로 그런 말씀을 하셨을까?"

"선생님이 혼자 그렇게 생각했겠죠."

"그럼, 학교에 가서 확인해도 되겠니?"

실제로 확인하고 아이 말이 옳았다면 다행이지만 만약 아이가 거짓말한 것이라면 이렇게 묻습니다.

"무슨 이유로 거짓말했을까?"

아이가 거짓말하는 이유는 대부분 부모에게 혼나고 싶지 않기 때문입니다. 그 점을 알고 있더라도 직설적으로 말하지 말고 거짓말을 한 이유를 차분하게 물어봅니다. 아이가 대답을 못 한다면 속으로 반성하도록 아무 말도 하지 않고 조용히 거리를 둡니다.

다짜고짜 야단을 치거나 몰아세우는 행동은 옳지 않습니다. 이렇게 밀어붙이면 문제를 회피하고 도망치는 아이가 되어 버립니다. **추궁해서 억지로 잘못을 끄집어내지 말고 진실되게 자신을 마주하게 해 주세요.**

부모와 이런 대화를 하는 동안 자연스럽게 아이는 자신의 내면을 들여다보기 시작합니다. 왜 괴롭혔는지, 상대방은 어떻게 생각할지 돌아보면서 결국 자신의 마음속 약한 부분을 깨닫겠지요.

뭔가 문제 행동을 일으켰을 때가 아이에게는 성장의 기회가 됩니다. 이때 부모가 나서서 아이를 혼내며 문제를 바로잡는 것이 아니라 아이가 반성하고 스스로 깨닫도록 기다려 주어야 합니다.

역경이라고 생각하던 일도 차분히 마주하면 순풍이 될 수 있습니다. 역풍은 몸의 방향을 바꾸면 순풍이 되지요. 눈앞에 닥친 문제에 용기 있게 마주하는 마음을 키우면 어떤 역경이라도 뛰어넘을 수 있을 것입니다.

💬 아이에게 부담을 주는 말

- 잘못했다고 안 할 거야?
- 자꾸 거짓말할래?

💬 아이의 용기를 키우는 말

- 무슨 이유로 그렇게 행동했을까?
- 거짓말을 해서 뭘 지키고 싶었니?

💬 이렇게 해 볼까요?

- 아이를 다그치거나 몰아세우지 않는다.
- 문제를 회피하지 않고 마주하도록 이끌어 준다.
- 아이가 반성하고 스스로 깨닫도록 시간을 두고 기다린다.

35

화를 내며
자기 의견만
고집해요

> 아이에게 부담을 주는 말
> **감정적으로 행동하지 마.**

> 아이의 용기를 키우는 말
> **생각이 다를 뿐이지
> 네가 잘못됐다고 말하는 게 아니야.**

예성이는 친구와 의견이 안 맞거나, 누군가 자신의 의견에 반대하면 금세 발끈해서 심하게 받아칩니다. 그래서 늘 의견 충돌이나 싸움이 잦아요.

다양한 의견은 성장의 기회다

상대가 자신의 의견에 반박하거나 동의하지 않으면 무시당했다고 생각해 화를 내는 사람이 있습니다. 특히 아이들은 인생 경험이 적기 때문에 그렇게 생각하기 쉽지요. 이때 부모님은 사람마다 당연히 의견이 다를 수 있는데 그렇다고 해서 인간성까지 부정되는 것은 아니라고 알려 주어야 합니다.

"사람들은 모두 자기만의 다양한 의견을 가지고 있겠지? 예를 들어 너는 개보다 고양이가 똑똑하다고 생각하는데, 네 친구는 개가 더 똑똑하다고 생각할 수도 있어. 어느 의견이 맞고 틀린지는 단정할 수 없잖아. 의견이 다른 덕분에 그 일에 대해 심도 있게 생각하고 새로운 발상을 떠올릴 수도 있으며 서로 더 깊이 이해할 수 있지 않을까?"라고 말해 주세요.

의견이 다르다고 해서 친구가 자신을 싫어하거나 무시하는 것이 아니라, 단지 생각이 다른 것뿐이라는 점을 깨닫게 해 주세요.

의견에는 옳고 그름이 없습니다. 다양한 의견이 있기에 서로 이야기를 나누는 것이 의미도 있고 발전의 계기가 될 수도 있음을 분명하게 알려 주세요.

또 어떤 상황에서 말다툼을 하게 되는지 아이에게 물어보세요. 이때 "그건 네가 틀렸네" 같은 말로 아이를 비난해서는 안 됩니다. 적절히 맞장구를 치고 공감을 표현하면서 귀를 기울여 주세요.

이야기를 다 들은 후, 아이가 생각하지 못했던 부분이나 180도 다른 관점을 제시해 주면 좋겠지요.

"어쩌면 그 친구는 이런 식으로 생각했을 수도 있겠다. 너는 어떻게 생각해?"

왜 상대가 그렇게 말했는지 상대의 시선에서 다시 한번 더 바라보는 습관을 들이면 자신의 의견이 반박되더라도 점차 침착하게 받아들이게 되겠지요.

상대의 감정을 읽고 다양한 가치관을 받아들이는 능력은 사회생활에서 꼭 필요합니다. 어릴 때부터 사회문제나 일상에서 생기는 소소한 사건에 대해 가족이 함께 이야기를 나눠 보세요. '당연한 일'을 한 번 더 생각하고 고민하는 습관을 들이면 폭넓은 관점을 지닌 아이로 성장해 갑니다.

💬 아이에게 부담을 주는 말

- 감정적으로 행동하지 마.
- 상대방 말도 제대로 들어.

💬 아이의 용기를 키우는 말

- 생각이 다를 뿐이지 네가 잘못됐다고 말하는 게 아니야.
- 다양한 의견이 있는 것이 좋아.

💬 이렇게 해 볼까요?

- 의견이 다를 뿐이지 무시당하는 것이 아님을 알려 준다.
- 상대방이 어떤 기분인지 생각하게 한다.
- 다양한 사건에 대해 부모와 자녀가 서로 의견을 나누는 습관을 들인다.

'되겠다'고 정해 두었기 때문에
일류가 된다

"'이렇게 되고 싶어'가 아니라 '이렇게 되어야 한다'로 말해야 인생이 바뀝니다."

일본 축구선수 혼다 게이스케가 한 말입니다. 그는 초등학교 졸업 문집에도 '나는 어른이 되면 세계 최고의 축구 선수가 되고 싶다. 아니, 될 것이다'라는 글을 남겼습니다. 최고의 지위에 오른 사람들의 이야기를 모아 보면 사고방식이 평범하지 않다는 사실을 알 수 있습니다. 보통 사람은 흔히 '필요 이상의 노력은 하지 말아야 한다'라고 생각합니다. 하지만 전 메이저리거였던 노모 히데오는 '필요 이상의 노력은 영양분'이라고 말했습니다. 그래서 남들이 보기에는 필요 없어 보이는 일을 계속해 왔지요. 얼핏 보면 멀리 돌아가는 길처럼 보이지만 그에게는 오히려 지름길이었습니다.

1%의 성공한 사람은 99%의 나머지 사람들과는 완전히 다른 발상으로 살아갑니다. 그들은 미리 자신의 미래를 정해 둡니다. 어릴 때부터 '나는 노벨상을 받는 과학자가 될 거야', '올림픽에서 금메달을 딸 거야'라고 정해 두었지요. '되고 싶다'나 '되면 좋겠다'가 아니라 '되겠다'고 결정해 둔 것입니다. 그 각오가 있기에 꿈을 이루어 냈습니다. 그러니 아이의 성공을 바란다면 부모님도 '이 아이는 꼭 성공한다'고 정해 두세요.

Column

뇌는 쓸수록 좋아진다
-신경 가소성 원리

몸을 단련한다고 하면 보통 신체 단련을 떠올립니다. 인간의 몸은 정말 놀라워서, 꾸준히 훈련하면 극강의 유연성을 얻을 수도 있고 42.195킬로미터의 마라톤을 완주하는 지구력을 얻을 수도 있습니다. 인간의 신체는 환경과 변화에 적응을 잘하는 위대한 생존력을 갖고 있기 때문입니다.

우리의 뇌 역시 팔다리, 허리, 어깨처럼 원하는 대로 튼튼하게 단련할 수 있습니다. 헬스클럽에 가서 몇 시간씩 땀을 흘리며 시간을 보내야 하냐고요? 그럴 필요는 없어요. 다만, 헬스클럽에서 구슬땀을 흘리는 시간만큼 뇌도 충분한 시간 동안 훈련하는 게 필요할 뿐입니다.

우리 뇌는 날마다 열심히 일합니다. 눈을 깜빡이는 것부터 숨쉬기, 걷기, 말하기까지 뇌는 우리가 행하는 모든 움직임을 통제합니다. 말하자면 우리 몸의 행동 관제 센터나 다름없지요. 밤이면 잠에 들어 전력을 조금 차단하고 쉬는 시간에 들어가지만, 자고 있는 그때조차 뇌는 수많은 정보를 처리합니다.

또한 뇌는 복잡한 통신 센터이기도 합니다. 뇌에서 내리는 다양한 명령들은 전기 신호로 바뀌어 수십억 개의 경로를 거쳐, 우리 몸 곳곳의 신경에 도달합니다. 또 피부, 눈 등의 감각 기관을 통해 들어온 감각도 전기 신호로 바뀌어 뇌에 도달해야 우리가 실제로 느낄 수 있어요. 이렇게 각종 신경계의 전기 자극이 신경세포를 통해 뇌로 이동하는 것을 '신경 신호', 또는 '신경 전달 신호'라고 해요. 신경 신호의 역할은 간단히 표현하면, 우리가 생각하고 느끼고 행동하는 모든 순간에 스위치를 켜는 것입니다.

우리 몸에 신경 신호가 이동하는 경로는 무수히 많습니다. 그런데 이 경로들은 일반적으로 생명을 유지하는 기본적인 기능을 담당하는 경로도 있지만, 대부분은 우리가 '어떤 행동을 하기로 선택'했기 때문에 형성된 경로들입니다. 기타를 연주하거나 연극의 대사를 외우는 일 등을 담당하는 신경 경로는 원래 없었으나, 해당 임무를 수행하는 데 필요한 신호를 전달하기 위해 차후에 형성된 거예요.

자, 이 말은 무엇을 의미할까요? 바로 내가 잘하고 싶은 일이 있다면 그 일을 하는 데 필요한 신경 신호가 잘 전달되어야 하는데, 이를 위한 신경 경로는 나의 노력으로 만들어 낼 수 있다는 겁니다. 즉, 운동을 통해 몸을 단련하면 근육이 생기는 것처럼 뇌도 단련하면 어떤 일을 탁월하게 해내는 신경 경로를 가질 수 있는 거예요.

뇌를 정신의 근육이라고 생각해 보세요. 그리고 신경 경로를 형성하는 피트니스 프로그램이 있다고도 상상해 보죠. 이 프로그램으로 뇌를 훈련하면 어떤 일이 벌어질까요? 신경 경로가 더 많이 생겨나고 그 덕분에 신경 신호는 더 활발히 전달되어 어떤 일을 성공적으로 해낼 수 있게 되겠지요? 훈련을 열심히 하면 할수록 신경 경로는 더 많이, 더 강하게 만들어질 거고요.

과학자들은 이 현상을 실제 연구를 통해 확인했습니다. 그리고 이를 '신경 가소성'이라 이름 붙였습니다. 말이 어렵게 느껴지지만 한마디로 뇌의 신경은 변화하는 성질이 있다는 뜻이 입니다.

뇌 과학자들은 인간의 두뇌가 경험에 의해 변화될 수 있다고 밝혔습니다. 사실 1800년대까지만 해도 과학자들은 뇌의 신경 경로는 유아기 때 거의 다 만들어지고 성인이 되면 더 이상 발전하지 않는다고 봐 왔어요. 이게 진짜라면 어른이 되어서는 공부를 열심히 해 봤자 어릴 때 만들어진 신경 경로에만 의존하니 공부가 잘될 리가 없겠죠.

하지만 실제로 우리의 신경 경로는 일생 동안 끊임없이 변해요. 물론 청소년 시기까지 가장 활동적으로 신경 경로가 생겨나긴 하지만, 노년이 되어서도 어느 수준의 새로운 언어나 운동 기능, 기술을 습득할 수 있는 신경 경로가 만들어집니다.

신경 경로를 만드는 일은 산책길을 만드는 일과 같습니다. 아무도 다닌 적이 없는 숲속을 산책하면 맨 처음, 그 첫걸음이 무척 힘듭니다. 어디로 가야 할지, 얼마나 가야 할지 산책로라 부를 만한 길이 안 보이니까요. 하지만 계속 걷다 보면 어느 날 눈에 띄는 길이 생기죠. 그다음부터는 숲을 거니는 일이 한결 수월해집니다. 신경 경로도 마찬가지예요.

성장형 사고방식은 사람마다 능력이 정해져 있는 것이 아니라 노력하면 능력을 끌어올릴 수 있다는 믿음이에요. 이를 신경 가소성이 증명해 줍니다. 뇌는 훈련으로 좋아질 수 있으니, 태어난 순간 천재적 뇌는 정해진다는 고정관념은 당연히 거짓이 됩니다. 또 훈련을 통해 뇌가 성장하고 성취를 이루는 데 수월해질 수 있다고 믿게 되면, 힘겨운 훈련을 시작하는 것이 너무도 당연한 일이 되지요.

우리의 뇌는 원하는 형태로 변할 수 있습니다.

- 『10대를 위한 그릿』 중에서 발췌

마음이 단단한 아이로 자라게 하는 43가지 대화 습관

Chapter 4

아이의 주체성을 키우는 법

시키는 일만 하고 스스로 행동하지 않아요

아이의 주체성을 꺾는 말
네가 스스로 알아서 좀 해.

아이의 주체성을 키우는 말
네가 관심 있는 것을 함께 찾아보자!

세아는 무엇이든지 자발적으로 하지 않습니다. 시험기간에도 부모님께 "내일 시험이니까 공부해"라는 말을 들으면 마지못해 시작합니다. 늘 소극적이고 미적지근하게 행동해서 부모님은 답답해하고 있지요.

내적 동기를 일깨워 주세요

사람이 목표를 향해 행동하는 동기에는 두 종류가 있습니다. 외적 동기와 내적 동기이지요.

외적 동기는 '규칙이나 강제, 명예, 타인의 평가, 당위'와 같은 외압으로 생겨납니다. 내적 동기는 '호기심이나 흥미, 호감도, 하고 싶다는 마음'과 같이 자신의 내면에서 솟아오르는 동기입니다.

외적 동기의 목적은 주변에서 좋은 평가를 얻는 것입니다. 어떤 행동을 하고 칭찬받으면 동기가 올라가지만, 진심에서 우러난 생각이 아니므로 금세 식어 버립니다. 다시 행동하라고 지시하는 사람이 없으면 할 마음이 들지 않지요. 스스로 동기를 끌어올리지 못합니다. 세아는 이런 상태에 빠져 있었지요.

반면, 내적 동기는 자신의 내면에서 비롯된 욕구로 지속되기 때문에 다른 사람의 평가를 신경 쓰지 않게 합니다. **순수하게 행동 그 자체를 즐기므로 목표를 달성할 때까지 동기가 유지됩니다.** 장애물에 부딪혀도 어떻게든 스스로 뛰어넘으려고 하지요. 그 역시 즐기는 과정의 하나입니다. 이렇게 해서 목표를 달성하면 한층 더 수준 높은 과제에 도전하고 싶어지고 점점 성장하겠지요.

이렇게 사람은 자신이 좋아하거나 관심이 있는 분야에서는 의욕적으로 행동합니다. 세아에게는 이렇게 물어봅시다.

"너에게 신나는 일은 뭐니?"

"저는 곤충을 좋아해서 장수풍뎅이를 키워 보고 싶어요."

이렇게 아이가 대답하면 "그럼 이번 주말에 곤충 농장에 가서 장수풍뎅이를 분양받아 올까? 장수풍뎅이 애벌레를 함께 키워 보는 건 어때?" 같은 대답으로 아이의 흥미에 관심을 보여 주세요.

부모님이 곤충에 관심이 없거나 싫어한다고 해서 "장수풍뎅이는 싫어"라고 말해 버리면 아이의 의욕은 단숨에 꺾이고 맙니다. 혹시 아이의 관심 분야에 부모님은 흥미가 없더라도 마음속에 눌러 놓고 겉으로는 티 내지 않도록 주의해 주세요.

가장 바람직한 방법은 부모님도 함께 즐기면서 아이가 가진 호기심의 싹을 소중하게 키워 주는 것입니다.

💬 **아이의 주체성을 꺾는 말**

- 네가 스스로 알아서 좀 해.
- 뱀을 좋아하다니 별일이네. 징그러워.

💬 **아이의 주체성을 키우는 말**

- 네가 관심 있는 것을 함께 찾아보자!
- 진심으로 좋아하는 게 뭘까?

💬 **이렇게 해 볼까요?**

- 내적 동기에서 나오는 행동으로 아이를 성장하게 한다.
- 아이의 호기심을 자극하는 대화로 새로운 시도와 도전을 이끌어 준다.
- 아이의 관심사를 잘 살피고 함께 즐기는 자세를 보인다.

37

공부와
취미 활동을
함께 해내기 어려워해요

아이의 주체성을 꺾는 말
농구만 하지 말고 공부도 해야지.

아이의 주체성을 키우는 말
무엇이든 최선을 다해서 마음껏 해 봐.

태양이는 농구에 빠져 있습니다. 농구를 하느라 완전히 녹초가 되어 집에 오고, 저녁을 먹으면 제대로 씻지도 않고 쓰러집니다. 농구에 너무 치중한 탓에 공부는 뒷전이고 성적은 바닥을 칩니다.

좋아하는 일을 포기하지 않도록 응원해 주세요

저는 가능성을 좇는 일을 하고 있으므로 본인이 원하는 일을 열심히 하면 된다고 생각합니다. 억지로 두 가지 일을 하지 않아도 괜찮습니다.

운동이나 악기 연주 등 공부가 아닌 취미 생활에 빠져 있다면 열심히 하도록 응원해 주세요. 자기가 좋아하는 일을 열심히 하는 것이야말로 주체성을 발휘하는 행동이므로 막거나 억누르면 안 됩니다.

모든 아이가 공부에만 몰입하고 잘해야 하는 것은 아닙니다. 그림 그리기를 좋아하고 잘하는 아이, 운동을 잘하는 아이, 악기를 잘 다루는 아이 등 아이마다 특징과 성향이 다르지요. 또 어떤 아이는 이러한 취미 생활과 공부를 모두 함께 해낼 수도 있습니다. 이때 중요한 건 어느 한쪽만 강요하기보다는 아이의 성향과 개성을 인정해야 한다는 점이지요.

재능은 특별히 뛰어나지 않지만 프로 야구선수가 되고 싶어하는 중학생이 있었습니다. 그는 우수한 야구부가 있는 고등학교에 진학하기를 희망했기 때문에 공부도 열심히 해야 했습니다. 그래서 필사적으로 야구와 공부 모두 잘하려고 노력했고 무사히 합격했습니다. 고등학교에서 가능성이 싹트기 시작했으며 대학 야구부에서 멋지게 활약하고 마침내 프로 야구선수가 되는 꿈을 이루었습니다. 이처럼 **스스로 생각해 함께 해 나갈 필요가 생기면 아이는 주체적으로 공부하게 됩니다.**

또 저에게 코칭을 받던 중학교 2학년 검도부 여학생의 이야기도 있습니다. 짧은 기간 동안 기량이 무척 향상되었는데 갑자기 검도에 대한 의욕을 잃어 부모님이 걱정하며 저에게 데리고 왔습니다. 저는 그 학생과 많은 이야기를 나누며 정말 하고 싶은 일이 무엇인지 물어봤습니다. 그 학생은 "저는 간호사가 되고 싶어요"라고 답했습니다.

그 학생에게 가장 중요한 목표는 검도로 좋은 결과를 얻는 것이 아니라 간호사가 되는 꿈을 실현하는 일이었습니다. 그러기 위해 ○○대학교에 진학하기를 희망했지만, 학교의 성적 기준에 미달될까 봐 걱정하고 있었지요.

그 학생은 저의 코칭을 받으면서 자신이 가고 싶은 학교는 스포츠 추천 전형이 있어 검도를 열심히 하면 진학에 유리하다는 사실을 알게 되었습니다. 그리고 옆에서 상담을 듣던 부모님도 검도를 고집하지 않고 그녀의 꿈을 응원하겠다고 마음을 바꾸셨지요. 그러자 그 학생은 스스로 검도에 매진하게 되었고 결국 빛나는 성적을 얻었습니다. 그리고 처음에는 합격할 자신이 없었던 학교에도 입학하게 되었지요.

억지로 여러 일을 무리하며 강요하지 말고 아이의 의사를 존중하면 자연스럽게 길이 열립니다.

💬 아이의 주체성을 꺾는 말

- 농구만 하지 말고 공부도 해야지.
- 자꾸 성적이 떨어지니까 농구는 그만둬.

💬 아이의 주체성을 키우는 말

- 무엇이든 최선을 다해서 마음껏 해 봐.
- 좋아하는 일을 하는 게 가장 좋지.

💬 이렇게 해 볼까요?

- 공부와 취미 활동 모두를 억지로 함께하지 않아도 된다고 일러 준다.
- 때가 되면 스스로 선택하게 될 거라고 느긋하게 마음먹고 기

다려 준다.

- 취미 생활이든 공부든 아이가 열정을 갖고 최선을 다한다면 응원해 준다.

38

무슨 일이든
작심삼일로
끝나요

아이의 주체성을 꺾는 말
왜 이렇게 의지가 약하니?

아이의 주체성을 키우는 말
**쉽게 달성할 만한 작은 목표부터
시작해 보자.**

봄이는 토익 500점을 목표로 매일 2시간씩 라디오 영어 회화를 듣겠다고 결심했습니다. 하지만 일주일 만에 흐지부지되고 말았지요. 무슨 일을 해도 이런 식으로 오래가지 않아요.

작은 목표부터 달성하는 즐거움을 알려 주세요

봄이의 경우, 하루에 해내야 하는 목표의 수준이 너무 높았습니다. 물론 목표는 적당히 높으면 동기를 불러일으키고 효과적으로 작용하지만 무리하게 잡은 목표는 금방 포기하게 되거나 달성의 즐거움을 느끼기 어렵지요. 따라서 **처음부터 거대한 목표를 이루려고 하기보다는 작은 목표부터 하나씩 차근차근 이뤄 가는 게 중요합니다.**

처음에는 목표를 달성하는 데 의욕이 있었으니 우선 그때의 마음을 떠올리게 하여 왜 그 노력이 꾸준히 이어지지 않는지 원인에 관해 이야기해 봐야 합니다.

"영어 회화를 공부하겠다는 걸 보니, 열심히 하려는 마음이 있었구나. 그런데 왜 그만두게 되었을까?"

"라디오 영어 회화를 2시간씩 들으려니 너무 지루해요. 게다가 500점은 저한테 너무 높은 점수인가 봐요."

"그럼 우선 매일 30분씩 꾸준히 들어 보면 어떨까? 토익도 무턱대고 500점을 따겠다고 할 게 아니라 단계적으로 목표 점수를 올려 보는 게 어때?"

이처럼 우선 넘어야 할 장애물의 높이를 낮춰 주세요. 다음은 월별 목표를 정해서 단계적으로 차근차근 올라가는 방식으로 계획을 세우게 해도 좋습니다.

제가 코칭하는 운동선수 중에도 간혹 결심이 작심삼일로 끝나 금방 포기하게 된다며 고민하는 사람이 있습니다. 운동선수들은 기본적으로는 의욕이 있고, 경기에서 활약하고 싶다는 마음이 강합니다. 하지만 **목표를 달성하지 못하는 날이 이어지면 자괴감에 빠지고 결국 좌절하게 됩니다.** 그럴 때 저는 이렇게 말합니다.

"우선 작은 목표부터 시작해 봅시다."

큰 목표를 세분화하여 가능한 일부터 시작하는 것이 어떤 일을 계속해 나가는 비결입니다. 연습도 즐겁게 할 방법을 생각해야 하겠지요.

작은 성공을 차곡차곡 쌓아 가면 자기 인식이 좋아지고 자연스럽게 자신감이 생깁니다. 동기도 높아져 목표를 향해 꾸준히 나아가게 될 것입니다.

🗨 아이의 주체성을 꺾는 말

- 왜 이렇게 의지가 약하니?
- 이번에도 작심삼일로 끝나겠지.

🗨 아이의 주체성을 키우는 말

- 쉽게 달성할 만한 작은 목표부터 시작해 보자.
- 계속하지 못했던 이유는 뭐라고 생각하니?

🗨 이렇게 해 볼까요?

- 노력을 지속하지 못했던 이유를 들어 본다.
- 목표를 세분화하여 가능한 일부터 시작하게 한다.
- 작은 성공의 누적이 동기 부여로 이어진다는 사실을 깨닫게 한다.

39

변덕스러워
한 가지에
집중하지 못해요

아이의 주체성을 꺾는 말
얼른 어느 한 가지를 정해 봐.

아이의 주체성을 키우는 말
**하고 싶은 일이 있다면 원하는 만큼
충분히 해 봐.**

하진이는 야구팀에 들어가고 싶다는 말을 한 지 얼마 되지도 않았는데 어느새 농구, 수영, 테니스에도 발을 들여놓고 있습니다. 요즘은 악기에 관심을 보이기 시작해 밴드를 만들겠다고 합니다.

변덕도 좋으니 뭐든지 시도해 보자!

저는 변덕이 나쁘다고 생각하지 않습니다. 천재성이 있는 사람이 변덕스럽다는 말도 있지요. 자신이 좋아하는 일을 다양하게 시도해 보는 것은 좋은 경험이 되지 않을까요?

정상에 선 운동선수들은 대부분 어린 시절에 다양한 운동과 교육 활동을 했습니다. 메이저리그에서 활동하는 오타니 쇼헤이 선수는 어릴 때 야구를 하면서 수영을 병행했다고 합니다. 테니스 선수였던 마쓰오카 슈조 역시 수영을 함께 했다고 하네요. 수영 덕분에 어깨뼈의 유연성이 좋아져 테니스에도 도움이 되었다고 합니다. 그의 제자인 니시코리 케이 선수는 수영, 축구, 야구, 피아노, 영어 회화까지 배웠다고 합니다.

이처럼 어린 시절에 여러 가지 스포츠를 경험하는 것을 당연하게 여기는 나라가 많습니다. 다양한 스포츠 경험이나 교육 활동이 탄탄하게 토대를 만들어 일류를 만들어 낸다고 생각하기 때문입니다. 그러니 아이가 해 보고 싶어 하는 것을 막지 말고 원하는 대로 하게 해 주세요. '바로 이거야!'라고 할 만한 일을 찾으면 그때부터 집중해도 늦지 않습니다.

'변덕스럽다'는 말은 부정적인 말로 생각되곤 하지만, 아이가 여러 분야에 흥미를 느끼고 왕성한 호기심을 지니고 생각하면 오히려 바람직한 일이 아닐까요?

'우물을 파도 한 우물을 파라'라는 속담이 있습니다. 옛날에는 그만큼 한 가지 일을 오래 파고드는 것을 미덕으로 여겼던 것이지요. 하지만 이제 이 말은 옛말이 되었습니다. 요즘은 '여러 우물을 파야 성공한다'는 분위기지요. **싫어하는 일은 아무리 계속해 봤자 좋아지지 않습니다.** 참고 계속할 필요는 없습니다. 수행이 아니잖아요. 어릴 때는 재미있다고 생각할 만한 일을 다양하게 경험하게 해 주세요. 정말 좋아하는 일을 1년이라도 꾸준히 이어 간다면 대성공입니다. 그렇게 지원해 주셨다면 부모로서 가장 보람된 일이 아닐까요?

저는 28세에 멘탈 코치가 될 때까지 여러 직업을 전전했습니다. 아르바이트를 포함하여 14개 정도의 직업을 경험했지요. 아르바이트를 그만둘 때 사장님이 "네가 진정으로 하고 싶은 일은 뭐니?" 하고 물어보셨는데, 저는 아무 대답도 할 수가 없었습니다. 그때는 제가 마치 안개 속에 있는 것 같았기 때문이지요. 하지만 지금은 모든 일이 저에게 필요한 경험이었다고 생각합니다. 그때의 다양한 경험이 지금의 제게 탄탄한 초석이 되었기 때문입니다.

아이가 너무 많은 일에 관심을 보이며 기웃거리면 샛길로 빠지는 것처럼 보여 부모는 초조해질 수밖에 없습니다. 하지만 어느 하나 쓸데없는 경험은 없습니다. 모든 아이에게는 분명히 빛나는 미래가 기다리고 있습니다. 그곳에 다다를 때까지 필요한 경험을 쌓아 가는 중입니다. 아이를 믿고 지켜봐 주세요.

💬 아이의 주체성을 꺾는 말

- 얼른 어느 한 가지를 정해 봐.
- 이것도 손대고 저것도 손대고 집중력이 없구나.

💬 아이의 주체성을 키우는 말

- 하고 싶은 일이 있다면 원하는 만큼 충분히 해 봐.
- 너의 가능성은 무한하단다!

💬 이렇게 해 볼까요?

- 다양한 배움의 경험이 아이를 성장하게 하는 기회임을 알고 응원한다.

- 아이들에게는 모든 일이 꼭 필요한 경험임을 이해한다.
- 아이에게 밝은 미래가 기다리고 있음을 믿고 지켜본다.

불평만 늘어놓고
결국
아무 일도 안 해요

40

> 아이의 주체성을 꺾는 말
> **하기로 했으면 해야지.**

> 아이의 주체성을 키우는 말
> **억지로 하지 않아도 돼.**

시현이는 오늘부터 마라톤 대회 연습을 시작하겠다고 선언했습니다. 하지만 '신발이 불편해', '옷이 촌스러워서 의욕이 안 생겨'라며 불평을 늘어놓고 결국 대회 연습을 하지 않아요.

하고 싶은 것을 하도록 지켜보세요

불평의 대상이 자기 자신이 아니라 환경에 대한 것이라면 그냥 내버려 두세요. 무슨 일이든 주체적으로 덤비지 않으면 행동하는 의미가 없습니다.

"그러면 안 해도 된다."

이렇게 말하고 아이의 불평에 일일이 고민하며 대꾸하지 않아야 합니다.

하지 말라는 말을 들으면 왠지 더 하고 싶어집니다. 이것을 심리학에서는 '칼리굴라 효과(심리적 저항)'라고 합니다. 예를 들면, "이 안은 절대로 보지 마세요"라는 말을 들으면 계속 신경이 쓰여 안을 들여다보게 되는 것이지요.

인간은 자유롭게 생각하고 자신의 의지대로 행동하려는 욕구가 있습니다. 그래서 '금지'라는 말을 들으면 의사나 행동의 자유를 뺏긴다고 느껴 반발하게 되고 자유를 되찾기 위해 금지 명령을 어기고 싶어 합니다.

'공부해라', '연습해야 한다'와 같은 말로 명령을 들으면 갑자기 의욕이 없어지는 것도 이 때문입니다. 강요당하면 반대로 행동하고 싶어지는 것은 인간의 본능입니다.

시현이 역시 부모님에게 '연습 좀 제대로 해' 같은 말을 들을 때마다 의욕이 없어집니다. 반대로 '그렇게 불평만 할 거면 안 해도 돼', '연습할 필요 없어'라는 말을 들으면 오히려 머릿속에 연습을 하고 있는 이미지가 떠오릅니다. 정말 연습하지 않아도 되는지 본인이 스스로 생각하고 판단하기 시작합니다. 참견하지 않고 가만히 지켜보면 머지않아 자발적으로 달리기 시작하겠지요.

공부든 뭐든 부모가 강제로 시키는 것은 역효과를 일으킬 뿐입니다. 자녀를 움직이게 하고 싶으면 '해'라는 명령은 하지 마세요.

💬 아이의 주체성을 꺾는 말

- 하기로 했으면 해야지.
- 핑계 대지 말고 해.

💬 아이의 주체성을 키우는 말

- 억지로 하지 않아도 돼.

- 연습 안 해도 괜찮아.

💬 이렇게 해 볼까요?

- 아이의 불평불만에 일일이 상대하지 않는다.
- 억지로 시키면 오히려 의욕을 잃을 수 있으니 우선 아이의 뜻에 동감해 준다.
- 금지당하면 더 하고 싶어진다는 심리를 이용한다.

41

무슨 일이든
야무지게 하는데
꿈이나 목표가 없어요

> **아이의 주체성을 꺾는 말**
> 너는 꿈이나 목표도 없니?

> **아이의 주체성을 키우는 말**
> 여러 사람을 만나 다양한 이야기를
> 들어 보자!

준영이는 공부도 잘하고 악기도 잘 다루며 친구 관계도 좋습니다. 반장을 맡아 학교생활에도 늘 성실하지요. 이렇듯 큰 문제는 없지만 장래 목표가 없다는 것이 걱정입니다.

아이의 호기심을 키워 줄 환경을 제공하자

억지로 꿈이나 목표를 갖게 하기보다 꿈과 목표를 정하는 데 도움이 될 만한 경험을 많이 쌓아 가도록 인도하는 것이 중요합니다. 아이가 다양한 체험을 통해 넓은 시야를 가지도록 해 주세요. 세상을 알고 어떤 일이 있는지 알아야 꿈이나 목표를 가질 수 있습니다.

직업 도감이나 인물의 전기, 전문 직업을 묘사한 논픽션 도서 등을 읽어 보게 하거나, 부모님 주변에 있는 다양한 직업군의 사람들을 소개해 주세요. 요즘은 어린이를 대상으로 하는 직업체험 전문 테마파크도 있고 기업에서 독자적으로 직업 체험의 장을 제공하기도 합니다. 또 스포츠를 좋아한다면 함께 경기를 관람하고 음악을 좋아하면 콘서트나 라이브 공연에 데려가 주세요. 미술관이나 박물관, 철도박물관, 동물원 같은 곳으로 많이 다니는 것도 다양한 삶의 모습을 살펴보는 좋은 기회겠지요.

아이가 어떤 일에 흥미를 느끼는지 관찰하고 가능한 한 그 흥미나 호기심을 충분히 살릴 수 있는 환경을 만들어 주어야 합니다.

꿈이나 목표가 꼭 직업에 관한 것이 아니어도 됩니다. '세계의 가난한 사람들을 돕고 싶다', '미지의 공룡 화석을 발굴하고 싶다'와 같이 어떤 사람이 되고 싶다거나 어떤 일을 하고 싶다는 희망도 좋겠지요.

어떤 직업이든 어떤 꿈이든 부모님은 전력으로 응원해 주세요. '너한테는 안 맞아', '그건 잘 안될 거야' 같은 말로 아이의 가능성을 짓밟지 않도록 주의해 주세요. **부모님이 먼저 자기 한계의 뚜껑을 벗겨내야 합니다.**

당연한 말이지만 꿈이나 목표는 아이가 스스로 선택하고 결정해야 합니다. '가업을 이어야 하므로', '부모의 소원이니까' 등의 이유로 아이에게 선택을 강요하는 것은 좋지 않습니다.

스포츠의 세계에서도 본인이 원하지 않는데 부모님이 하던 운동을 억지로 하는 아이가 종종 있습니다. 그 때문에 우울 상태에 빠지는 경우도 있지요. 스포츠의 어원은 라틴어의 'deportare'로 '기분전환 하다, 즐기다, 놀다' 등의 의미가 있습니다. 스포츠는 원래 신나게 즐기는 것이지요.

자신의 미래를 스스로 선택하지 못하는 것만큼 괴로운 일은 없습니다. 부모님이 가장 원하는 바는 금메달이 아니라 아이의 행복이어야 합니다.

💬 아이의 주체성을 꺾는 말

- 너는 꿈이나 목표도 없니?
- 네가 엄마의 꿈을 대신 이루어 줘.

💬 아이의 주체성을 키우는 말

- 여러 사람을 만나 다양한 이야기를 들어 보자!
- 흥미가 생기는 일을 열심히 해 보자!

💬 이렇게 해 볼까요?

- 다양한 체험을 통해 아이의 가능성을 넓힌다.
- 아이의 꿈과 목표를 응원한다.
- 부모의 이기심을 버리고 아이의 행복을 생각한다.

42

자기 의견을
말하지
못해요

아이의 주체성을 꺾는 말
뭐든 의견 좀 말해 봐.

아이의 주체성을 키우는 말
혹시 의견이 있으면 언제든지 말해 줘.

윤정이는 무척 소극적입니다. 학교 수업 시간에도 손을 들어 발표한 적이 없습니다. 집에서도 마찬가지입니다. 원하는 바를 말하지 않으니 부모님은 조바심이 납니다.

소통을 늘리는 노력을 해 주세요

윤정이는 틀린 의견을 말하면 혼날 테니 입 밖에 내면 안 된다고 믿는 듯합니다. 아니면 말해 봤자 아무도 들어 주지 않았거나 창피를 당했던 경험이 있을 수도 있지요. 뭔가 원인이 되는 일이 있을 테니 일단 아이에게 물어봅시다.

"왜 네 의견을 말하지 않는 거니?"

아이가 입을 다문 채 묵묵부답이라면 대답을 강요해서는 안 됩니다. '아무 말도 못 하는 내가 바보 같아'라는 생각이라도 하게 되면 점점 더 입을 닫아 버립니다.

이럴 때는 "싫으면 말하지 않아도 돼", "혹시 하고 싶은 이야기가 생각나면 말해 줘" 하고 간단하게 이야기를 끝내야 합니다. 부모님이 진지하고 무겁게 대하기보다는 밝고 가벼운 말투로 물을 때 아이는 더 안심합니다.

또 가능하면 가정에서 서로 소통을 늘리도록 노력해야 합니다. 그러기 위해서는 질문할 때도 머리를 써야 합니다. 항상 '예', '아니요'로만 대답하게 되는 질문을 하면 깊은 대화를 나누기 어렵겠지요.

예를 들어 "오늘 급식 맛있었니?"라고 물으면 "네" 또는 "아니요, 맛없었어요"로 끝나버리죠. 하지만 "오늘 급식에 어떤 게 나왔니?"라고 물으면 메뉴를 자세히 말하는 아이도 있고, 급식 시간에 있었던 일을 이야기하는 아이도 있겠지요. 대화는 그렇게 계속 이어집니다.

말하기 편안한 분위기를 만들려면 아이가 관심을 보이는 분야를 화제로 삼으면 좋습니다. 아이가 좋아하는 아이돌 그룹이 있다면 "엄마는 OO가 가장 노래를 잘 부르는 것 같은데 너는 어때?"라고 물어보세요. 이때 아이의 의견이 어떠하든 반론하거나 부정해서는 안 됩니다.

의견에는 정답도 오답도 없습니다. 어떤 의견이라도 괜찮다고 알려 주면 점차 많은 이야기를 하게 될 것입니다.

💬 아이의 주체성을 꺾는 말

- 뭐든 의견 좀 말해 봐.
- 도대체 무슨 생각을 하는 거니?

💬 아이의 주체성을 키우는 말

- 혹시 의견이 있으면 언제든지 말해 줘.
- 정답은 한 가지만 있는 게 아니야.

💬 이렇게 해 볼까요?

- 억지로 말하도록 강요하지 않는다.
- 아이의 의견을 받아들이고 존중한다.
- 자기 생각을 표현하면 칭찬해 주면서 아이가 자신감을 갖게 한다.

43

항상
주위에
휘둘려요

아이의 주체성을 꺾는 말
싫으면 싫다고 말하면 되잖아.

아이의 주체성을 키우는 말
너는 배려심이 많구나.

우주는 얌전하고 조용한 성격입니다. 자신의 의견을 뚝 부러지게 말하지 못해요. 권유를 받으면 관심 없는 일에도 싫다고 말하지 못하고 주변 분위기에 휩쓸려요.

성격을 칭찬하여 자신감을 느끼게 하세요

자기만의 줏대가 없고 자신을 내세우지 못하는 우주 같은 아이는 흔합니다. 제게 상담을 받으러 오는 아이 중에도 정말 아무 말도 하지 않는 아이가 있습니다. 어떤 질문을 해도 '음…' 정도로만 반응하기 때문에 저도 똑같이 '음…'이라고 대답할 수밖에 없지요. 그 아이에게 물어봤습니다.

"여기는 왜 온 거야?"

"부모님이 데려와서요."

"왜 부모님이 시키는 대로 행동해야 된다고 생각해?"

"음…."

아이들은 이런 질문을 계기로 자기 한계의 뚜껑을 열어 갑니다. 혹시 명확한 **대답이 없더라도 아이가 자신의 마음을 들여다보며 생각하기 시작했다면 그것으로 충분합니다.** 그리고 저는 이러한 상황에서 부모님에게는 이렇게 말씀해 드립니다.

"아이가 자발적으로 오고 싶어 하지 않으면 상담의 효과가 나타나기 어렵습니다."

부모가 권위적일 때 아이가 이런 모습을 보이는 경우가 많습니다. 필요 이상으로 참견하고 간섭하지는 않았는지 부모님의 말과 행동을 먼저 돌아보세요.

이런 아이는 자존감이 낮고 자신감이 없습니다. **'내 생각을 말해 봤자 어차피 들어 주지 않는다', '내 생각이 틀렸을지도 모른다', '미움받고 싶지 않다'**고 생각하기 때문에 주위 사람들이 말하는 대로 따라가게 됩니다.

'너는 참 친절하구나', '솔직하구나', '끈기가 있구나'와 같이 아이의 인성을 칭찬하는 말을 되도록 많이 해 주세요. 또 '좋아해', '사랑한다', '널 믿는단다' 이런 말을 자주 하고 스킨십을 해 주세요. 부모님의 애정을 느끼면 점차 자기 인식이 긍정적으로 바뀌고 자신감이 생깁니다.

스스로 자신감을 느끼게 되면 "이제부터는 네 감정을 차분하고 확실하게 말하도록 노력해야 한단다. 우선은 너의 감정을 다른 사람에게 말하기 전에 노트에 써 보는 것부터 시작해 보면 어떨까?"라고 말하며 실행 가능한 일부터 시작하도록 도와줍니다.

💬 아이의 주체성을 꺾는 말

- 싫으면 싫다고 말하면 되잖아.
- 왜 항상 주변 상황에 휩쓸리는 거야?

💬 아이의 주체성을 키우는 말

- 너는 배려심이 많구나.
- 네 마음을 노트에 써 볼까?

💬 이렇게 해 볼까요?

- 필요 이상으로 관여하지 않으며 아이의 자립심을 키워 준다.
- 아이의 인성을 칭찬하는 말로 자신감을 높여 준다.
- 아이가 자신의 감정을 표현하는 데 서툴다면 낮은 단계부터 차근차근 시도해 보게 한다.

당신은 아이를
행복하게 하는 부모인가요?

지금까지 부모님의 고민에 답하는 형태로 아이의 의욕을 끌어내는 방법을 풀어 나갔습니다. 마지막으로 제가 부모님께 물어보고 싶은 한 가지가 있습니다.

"당신은 아이를 행복하게 하는 부모인가요?"

부모가 아이에게 주는 영향은 절대적입니다. '아이는 부모를 비추는 거울'이라는 말도 있듯이 부모의 가치관이나 말과 행동은 아이에게 고스란히 반영됩니다. 뇌과학에서도 입증되었지요. 인간의 뇌에는 흉내쟁이 세포라고 하는 '거울 뉴런'이 있어 아이는 항상 옆에 있는 부모를 보고 배우면서 성장합니다. 그러므로 아이가 보이는 행동은 부모에게 영향을 받았을 것으로 생각할 수 있습니다.

저의 부모 교실에 오시는 부모님 중에 아이가 잘되길 바라는 마음에 아이에게 자신의 성공 체험을 강요하거나 자신이 열심히 깔아 놓은 레일 위로 아이를 달리게 하려는 분이 있습니다. 그러다 아이가 생각만큼 잘 따라오지 못하면 혼을 내지요.

그런 방식이 계속되면 결국에는 아이가 망가질 거라고 부드럽게 돌려 말해도 받아들이지 않는 분도 있습니다.

"그럼 10년 후, 20년 후에 부모님이 안 계실 때 아이가 혼자 제대로 살아갈 수 있을까요?"

제가 이렇게 물으면 선뜻 대답하지 못합니다.

아이를 키울 때 부모가 가지는 궁극적 목표는 아이가 자립하여 자신의 힘으로 걸어가게 하는 것이 아닐까요? 부모가 지나치게 간섭하거나 강요하면 주체성이나 의욕이 생기지 않습니다. 아이가 달라지기를 바란다면 먼저 부모님이 바뀌어야 합니다.

자, 이제 앞에서 제가 물어본 질문에 대한 답은 나왔나요?

'아니요'라고 대답하신 분도 실망하지 마세요. 그 순간에 '그럼 이제 어떻게 하면 좋을까?'라고 생각하셨잖아요. 그것으로 충분합니다. '나는 부족한 부모'라고 생각하지 말고 '나는 아이와 함께 성장해 가는 부모'라고 생각해 주세요. '나도 발전할 가능성이 있다'고 생각해 주세요. 그리고 매일 반복해서 '나는 아이를 행복하게 하는 부모일까?'라고 스스로 물어보세요.

지금 육아와 교육에 분투 중인 모든 부모님께 이 말을 보내 드리고 싶습니다.

"내 아이와 나 자신을 있는 그대로 온전히 사랑해 주세요."

옮긴이 이선주

이화여자대학교 공과대학을 졸업하고 삼성에서 근무했다. 일본 거주를 계기로 일본 문화와 책을 다양하게 접하게 되었으며, 여러 분야의 좋은 책을 알리고 싶어 번역의 길에 들어섰다. 현재 바른번역에서 도서 기획 및 번역을 하고 있다. 옮긴 책으로 《내가 사랑한 수학 이야기》, 《왜 공학 박사 엄마는 장난감 대신 스마트폰을 줄까?》, 《반짝반짝 자유 연구 & 크래프트》, 《일상의 무기가 되는 수학 초능력》, 《질문하는 과학실》 등이 있다.

마음이 단단한 아이로 자라게 하는 43가지 대화 습관

작은 일에 상처받지 않고 용기 있는 아이로 키우는 법

초판 1쇄 인쇄 2020년 11월 19일
초판 1쇄 발행 2020년 11월 25일

지은이 스즈키 하야토
옮긴이 이선주
펴낸이 김선식

경영총괄 김은영
책임편집 권예경 **디자인** 김누 **크로스교정** 조세현 **책임마케터** 기명리
콘텐츠개발7팀장 이여홍 **콘텐츠개발7팀** 김민정, 김단비, 김누, 권예경
마케팅본부장 이주화
채널마케팅팀 최혜령, 권장규, 이고은, 박태준, 박지수, 기명리
미디어홍보팀 정명찬, 최두영, 허지호, 김은지, 박재연, 임유나, 배한진
저작권팀 한승빈, 김재원
경영관리본부 허대우, 하미선, 박상민, 김형준, 윤이경, 권송이, 이소희, 김재경, 최완규, 이우철
외부스태프 표지 일러스트 모리(MoLee)

펴낸곳 다산북스 **출판등록** 2005년 12월 23일 제313-2005-00277호
주소 경기도 파주시 회동길 357 3층
전화 02-704-1724
팩스 02-703-2219 **이메일** dasanbooks@dasanbooks.com
홈페이지 www.dasanbooks.com **블로그** blog.naver.com/dasan_books
종이 월드페이퍼 **출력·인쇄** 민언프린텍

ISBN 979-11-306-3344-2 13590

• 책값은 뒤표지에 있습니다.
• 파본은 구입하신 서점에서 교환해드립니다.
• 이 책은 저작권법에 의하여 보호를 받는 저작물이므로 무단 전재와 복제를 금합니다.
• 이 도서의 국립중앙도서관 출판시도서목록(CIP)은 서지정보유통지원시스템 홈페이지(http://seoji.nl.go.kr)와 국가자료공동목록시스템(http://www.nl.go.kr/kolisnet)에서 이용하실 수 있습니다. (CIP제어번호 : CIP2020048298)

다산북스(DASANBOOKS)는 독자 여러분의 책에 관한 아이디어와 원고 투고를 기쁜 마음으로 기다리고 있습니다. 책 출간을 원하는 아이디어가 있으신 분은 다산북스 홈페이지 '투고원고'란으로 간단한 개요와 취지, 연락처 등을 보내주세요. 머뭇거리지 말고 문을 두드리세요.